教育部中等职业教育改革创新示范教材
计算机网络技术专业职业教育新课改教程

Windows Server 2012
服务器配置实训教程

主　编　宁　蒙
副主编　李　娜　李　宁
参　编　兰秀芹　裴　杰

机械工业出版社

本书通过大量的实例操作和案例分析，全面系统地介绍了Windows Server 2012中文版网络操作系统的常用功能及网络组件、活动目录、用户账户、文件系统等基本知识与技能。

本书主要内容包括Windows Server 2012服务器的安装与配置、活动目录的配置与用户管理、搭建文件服务器、管理服务器系统的性能与安全、搭建DHCP与DNS服务器、搭建Intranet信息服务器。

本书可作为职业院校计算机相关专业课程的教材，也可作为广大网络管理与维护人员搭建、配置和管理网络服务器的指导用书。

图书在版编目（CIP）数据

Windows Server 2012 服务器配置实训教程/宁蒙主编. —2 版. —北京：机械工业出版社，2016. 3（2026. 1重印）

计算机网络技术专业职业教育新课改教程

ISBN 978-7-111-53003-9

Ⅰ. ①W… Ⅱ. ①宁… Ⅲ. ①Windows 操作系统—网络服务器—职业教育—教材 Ⅳ. ①TP316. 86

中国版本图书馆CIP数据核字（2016）第 031009 号

机械工业出版社（北京市百万庄大街 22 号 邮政编码 100037）

策划编辑：梁 伟　　责任编辑：李绍坤 范成欣

责任校对：樊钟英　　封面设计：鞠 杨

责任印制：郜 敏

河北虎彩印刷有限公司印刷

2026 年 1 月第 2 版第 16 次印刷

184mm × 260mm · 10.75 印张 · 252 千字

标准书号：ISBN 978-7-111-53003-9

定价：39.00 元

电话服务　　网络服务

客服电话：010-88361066　　机 工 官 网：www.cmpbook.com

010-88379833　　机 工 官 博：weibo.com/cmp1952

010-68326294　　金 书 网：www.golden-book.com

封底无防伪标均为盗版　　机工教育服务网：www.cmpedu.com

前　　言 Preface

随着信息化水平的不断提高，各企业都在努力地通过各种途径、采用各种方法来组建自己的内部网络，实现现代化办公和信息化管理，或将内部网络与Internet实现互联。这需要众多既有计算机网络的理论基础，又掌握计算机网络实际应用技能的人才。本书正是为了满足培养此类人才需求而编写的。

网络操作系统是服务器的灵魂，美国微软公司推出的Windows Server 2012网络操作系统融合和创新了许多新的功能和应用，使网络操作系统的功能得到进一步的提升，使管理和使用变得更简单。本书以培养网络实用型人才为指导思想，重点介绍了Windows Server 2012的管理与配置，注重对学生进行实际应用技能和动手能力的培养。

本书注重理论与实际应用相结合，围绕培养学生的职业技能这条主线来设计教材的结构、内容和形式，合理安排基础知识和实践知识的比例。本书围绕网络管理员、网络工程师等岗位对Windows服务管理核心技能的要求，以基于Windows Server 2012平台构建网络主流技术和主流产品为载体，引入企业应用需求，将Windows Server基础知识和服务架构融入到各学习单元中。

本书采用任务驱动和项目引领的模式编写，每个学习单元都创设来源于网络管理实际的学习背景，针对中小型网络建设与管理中涉及的技术技能，并将其分解为若干个任务，在每个任务的准备阶段都有任务背景与分析作为铺垫，任务实施过程和步骤叙述详细，符合工程项目组织实施的一般规律。每个任务都配套有能力拓展，用于强化训练。

本书包括6个学习单元：Windows Server 2012服务器的安装与配置、活动目录的配置与用户管理、搭建文件服务器、管理服务器系统的性能与安全、搭建DHCP与DNS服务器、搭建Intranet信息服务器。

本书编者具备多年网络管理经验，熟悉网络操作系统管理的重点环节。本书由本溪市机电工程学校宁蒙担任主编，李娜、李宁担任副主编。其中，学习单元1由宁蒙编写，学习单元2由李宁编写，学习单元3由兰秀芹编写，学习单元4由裴杰编写，学习单元5、6由李娜编写，全书由宁蒙统稿。

由于编者水平有限，书中不足之处在所难免，恳请广大读者批评指正。

编　者

目　　录 Contents

学习单元1
Windows Server 2012服务器的安装与配置

单元情境与学习目标

对于网络来说，服务器是网络资源的提供者，而网络操作系统（NOS）则是网络的心脏和灵魂。网络操作系统安装在网络服务器上，负责管理网络资源并向网络计算机提供服务。作为一名网络系统管理及技术人员，岗位职业要求其应了解计算机网络操作系统相关知识，并可完成网络操作系统的安装与配置。

经过在迈联公司的系统培训和学习，工程师小温对公司的业务和工作流程有了充分了解，已经熟练掌握了服务器安装与配置的流程，并能根据客户要求有效开展工作。部门经理认为，可以派小温去完成一些工程中的服务器安装与配置工作。

现迈联公司成功中标某学校网络中心机房建设与管理工程，按照合同要求进行施工，其中有几台属于新购置的服务器，公司派小温去安装配置这些服务器。

安装一台服务器的基本流程如下：首先与客户确认安装基本要求→检查服务器配置→系统安装→系统基本配置→服务功能与角色添加及系统测试。后续各类服务安装则可根据客户需求陆续完成。

单元学习目标

知识要求

掌握Windows Server 2012系统安装以及设置的相关知识。知道系统配置的基本要求，了解系统管理的基本知识。

工作任务要求

1）能在安装前规划好网络操作系统的相关参数。

2）能独立完成Windows Server 2012系统的安装。

3）能卸载Windows Server 2012操作系统。

4）了解Windows Server 2012系统的基本应用和简单设置。

5）能完成Windows Server 2012系统的功能服务管理。

6）能完成Windows Server 2012系统的角色服务管理。

7）初步掌握PowerShell的使用。

任务1　安装Windows Server 2012服务器系统

任务背景与分析

1. 客户需求

迈联公司的工程师小温来到某学校网络中心，客户代表王主任热情地接待了他。王主任详细介绍了该校数字校园的整体情况，并介绍了新购置的几台服务器的选型及基本参数和将来要提供的服务，以及一卡通服务、数据库服务、数字校园平台服务的基本情况。下面是两人的对话片段：

客　户：这次项目建设中新购置了几台服务器，其中有3台要求安装Windows Server 2012系统，原来老系统的服务器数据暂时先不迁移。

工程师：王主任，您的意思是这几台服务器都是重新安装是吧，按照合同要求，软件我已经从公司带来了，请您验收。验收后，我就按要求先把系统安装上，待运行一段时间后，再进行相应服务的安装与配置，您看好不好？

客　户：好的，今天能把系统安装上就可以，系统运行一段时间稳定后，再继续下一步吧。

2. 任务分析

要完成上述任务，首先必须了解什么是服务器、网络操作系统，二者的关系是什么。服务器（Server）是指网络环境下为客户机（Client）提供某种服务的专用计算机，即安装有网络操作系统和各种服务器应用系统软件的计算机，一般是指那些具有较高计算能力，能够提供给多个用户使用的计算机。简单地说，服务器就是一种安装有网络操作系统和服务软件，具有较高硬件配置和数据处理能力的一类计算机。根据不同的计算能力，服务器又分为工作组级服务器、部门级服务器和企业级服务器。服务器的外观如图1-1所示。

图1-1　服务器外观图

在本任务中，根据该校校园网络的业务需求并结合具体网络实际，可以看出该网络规模还是很大的，客户已经确认要求在其中几台服务器上安装Windows Server 2012网络操作系统。

工作流程：确认用户需求与功能分析→填写安装工单→安装规划→实施系统安装→完成系统配置。

知识拓展

常见网络操作系统的标志如图1-2所示。

a） b） c）

图1-2 常见网络操作系统的标志

a）微软Windows 网络操作系统 b）NetWare网络操作系统 c）Linux网络操作系统

网络操作系统（Network Operating System，NOS）是安装在服务器上用于网络管理的核心系统软件，是使网络上各计算机能方便、有效地共享网络资源，为网络用户提供所需的各种服务软件和有关规范的集合。网络操作系统的主要任务是对网络资源进行管理与配置，实现资源的共享和计算机间的通信与同步，需要管理和充分利用服务器硬件的计算能力并提供给服务器硬件上的软件使用。常见的网络操作系统如下：

（1）Windows Server

Windows Server由美国微软公司出品，重要版本包括Windows NT Server 4.0、Windows Server 2000、Windows Server 2003、Windows Server 2008 、Windows Server 2012。

（2）Netware

在一些特定行业和事业单位中，NetWare优秀的批处理功能和安全、稳定的系统性能也有很大的生存空间。

（3）UNIX

UNIX服务器操作系统由AT&T公司和SCO公司共同推出，主要支持大型的文件系统服务、数据服务等应用。目前，市面上主要有SCO SVR、BSD UNIX、SUN Solaris、IBM-AIX、HP-U、FreeBSDX 。

（4）Linux

Linux操作系统虽然与UNIX操作系统类似，但是它不是UNIX操作系统的变种。几乎所有UNIX的工具与外壳都可以运行在Linux上。

3. 任务工单

根据王主任的要求，工程师小温首先填写任务工单。工单作为书面材料，今后一旦用户在维护中出现问题，可以通过该工单确认当时技术负责人员及参数信息，便于日后维护。本任务的工单见表1-1。

表1-1　迈联公司工程任务工单

客户名称：××学校网络中心　　　　　　　　　　任务单号：P2014060101

现场地点	××学校网络中心机房	日期	2014年9月1日
客户要求	3台IBM服务器上分别安装网络操作系统 安装完毕后要测试3台服务器的稳定性 完成3台服务器的基本配置，添加必要的服务		
现场环境及参数	服务器型号：IBM System ×3850 ×5企业级机架式4U服务器		
联系方式	联系人：王主任　　联系电话：133××000001	工时	8

4．核心能力点

任何计算机的运行都离不开操作系统，服务器也一样。在服务器上安装的网络操作系统主要分为四大类：Windows Server、NetWare、UNIX、Linux。在网络操作系统上安装或配置相应的服务程序，服务器就可以成为对应的特定网络应用服务器，如Web服务器、FTP服务器、邮件服务器、流媒体服务器。

一台新出厂的服务器不会安装操作系统，一般需要另行购置网络操作系统产品，并由管理员安装到系统上。在本任务中，将在任务实施阶段介绍如何实现Windows Server 2012服务器系统的安装。

在安装服务器系统之前，应该了解服务器的具体用途。服务器本身不能被称为某某服务器，只有安装了对应的网络操作系统及服务软件之后，方可提供具体服务。根据其上面安装和配置的服务软件不同，服务器主要可以分为以下几类。

1）文件服务器（File Server）或网络存储设备（Network Attached Storage，NAS）。

2）数据库服务器（Database Server）：在服务器上安装数据库系统（如Oracle数据库服务器、MySQL、PostgreSQL、Microsoft SQL Server等），提供数据服务的计算机。

3）邮件服务器（Mail Server）：安装配置有sendmail、Postfix、Qmail、Microsoft Exchange、Lotus Domino等的服务器。

4）网页服务器（Web Server）：如Apache、Httpd、微软的IIS等。

5）FTP服务器（FTP Server）：Pureftpd、Proftpd、WU-ftpd、Serv-U等。

6）域名服务器（DNS Server）：如Bind等。

7）应用程序服务器（Application Server/AP Server）：如Bea公司的WebLogic和JBoss，Sun的GlassFish。

8）代理服务器（Proxy Server）：如Squid cache。

9）计算机名称转换服务器：如微软的WINS服务器。

一台服务器既可以只提供一种服务，也可以提供多种服务。通过虚拟机技术，一台服务器可以虚拟成多台服务器相对独立地提供服务。随着大数据时代的到来，海量数据无法用单台的计算机进行处理，这种情况下必须依托云计算的分布式处理、分布式数据库、云存储和虚拟化技术来实施。

为服务器选择一个合适的网络系统，首先要了解网络操作系统应该具备哪些功能和特点。尽管大部分网络系统的功能是一致的，但是具体到细节特别是不同版本网络操作系统提供的服务还是有一定的差异的。

现在，市场上有很多为服务器作平台的操作系统，主要有类UNIX操作系统（UNIX、

Linux）和Windows系统。从逻辑上看，网络操作系统软件由三个层次组成：位于低层的网络设备驱动程序、位于中间层的网络通信协议、位于高层的网络应用服务软件。它们之间是一种高层调用低层，低层为高层提供服务的关系。不同的网络操作系统可能在具体功能上各有侧重点，这也是今后评价和部署网络操作系统的依据。网络操作系统的特点如下：

1）支持多用户子系统协同工作。支持多种网络设置，能够方便地完成网络的管理。

2）系统无关性。网络操作系统应能支持多种网络拓扑结构、协议和各类型的网络接口设备，同时也可以支持各种客户端操作系统能以透明的方式访问服务器上的文件系统。

3）提供容错性和数据恢复功能。当网络服务器某些设备出错或出现故障后，不影响整个网络操作系统继续为用户提供服务，同时支持数据备份与恢复，可以在最短时间内恢复系统，包括日志式的容错列表、可恢复文件系统、磁盘镜像、磁盘扇区备用以及对不间断电源（UPS）的支持。

4）支持不同体系结构的网络互联。网络操作系统支持通过路由、网桥、交换器、中继器等网络设备与其他同构或异构网络实现互联操作。

5）提供方便的目录技术。系统应通过信任关系或全局命名服务模式，为用户提供安全、方便的目录服务功能，确保用户能够访问所需的网络资源。

6）安全与访问控制。可以通过对用户账号的管理、用户权限分配等，提供对使用网络资源的控制和管理。能够进行系统安全性保护和各类用户的存取权限控制。

7）提供必要的网络系统管理功能。网络管理包括网络性能控制、质量保障、系统备份、流量监测、安全管理、系统日志等。

8）支持多种网络服务。除了提供必要的文件、打印服务外，还应允许在系统基础上通过自带或附加软件来提供Web、FTP、电子邮件、远程登录、终端、流媒体、远程访问等服务功能。

目前，市面上的网络操作系统有以下几种：早期的Netware网络操作系统、中小型网络常用的微软Windows网络操作系统，以及UNIX/Linux类系统等。作为网络管理员，应该了解每种网络操作系统的应用场合、特点和安装要求，针对不同的服务场合选择安装合适的网络操作系统。

选择合适的网络操作系统应该考虑网络的需求，特别是具体服务器的服务对象以及硬件配置，同时还要考虑到管理员的管理水平和习惯。

1）系统兼容性。考虑到服务器硬件系统的差异，网络操作系统兼容性一定要好。

2）易于配置和维护。应提供良好的管理界面，帮助管理员迅速发现和解决网络故障。

3）可扩充性。考虑到网络规模的扩充，对服务器的要求也需要升级，对多处理器的支持和内存容量以及存储设备的支持是很必要的。

4）可支持的并发用户数量。网络操作系统应能同时承载多个用户的访问需求。

5）能提供的服务和配套软件支持。系统自带和支持的网络服务功能及对第三方服务的支持也是必要的。

在具体应用中，一些小型的网络由于服务功能少，网络压力也小，对服务器来说硬件配置并不高，一般可以购买工作组级服务器，对应的网络操作系统可以选择Windows系列的网络操作系统。一些大型网络，服务器比较多并且网络服务功能也多，还是推荐安装UNIX和Linux网络操作系统。

微软公司的Windows系统不仅在个人桌面操作系统市场中占有绝对优势，在网络操作系统市场中也具有非常强劲的竞争力。在局域网中，微软推出的网络操作系统产品主要有Windows NT Server 4.0、Windows 2000 Server、Windows Server 2003、Windows Server 2008和Windows Server 2012等。

微软公司开发的第一代Windows网络操作系统是Windows NT 3.1。Windows NT是纯32位操作系统，采用NT（即New Technology新技术的缩写）核心技术。1996年4月发布的Windows NT 4.0是NT系列的一个里程碑，该系统面向工作站、网络服务器和大型计算机，它与通信服务紧密集成，提供文件和打印服务，能运行客户机/服务器应用程序，内置了Internet/Intranet功能。

Windows 2000（简称Win2K）是Windows NT系列的32位视窗操作系统，起初称为Windows NT 5.0，由4个不同产品组成。Windows 2000服务器版本在2003年4月被Windows Server 2003所取代。Windows Server 2003提供了用以支撑关键任务的功能和特性，如高安全性、高可靠性、高可用性和高可扩展性。

早期微软Windows网络操作系统的标示如图1-3所示。

a）　　b）　　c）

图1-3　早期微软Windows网络操作系统的标示

a）Windows NT　b）Windows 2000 Server　c）Windows Server 2003

Windows Server 2008系列版本在以前的基础上有很大的提升，包括内置Web管理和虚拟化技术，可提供增强服务器基础结构的可靠性和灵活性。由于采用新的虚拟化工具、Web 资源和增强的安全性以及最新的PowerShell，可以为系统管理节省时间、降低成本，向网络提供了一个动态而优化的系统平台，并提供先进的安全性和可靠性等增强功能，如NAP 和 Read-Only Domain Controller，可以有效加强服务器操作系统安全并保护服务器环境。

从整体上看，Windows操作系统继承了人性化的界面风格，其操作易用性逐步提高，也是目前使用比较广泛的系统，并且具有较多的软/硬件支持。在改善了安全性之后，给用户带来了较高的使用效能，在中小型网络中有很大的发展空间。

Windows Server 2012（开发代号：Windows Server 8）是Windows Server 2008 R2的继任者。该系统在2012年9月4日正式发售。相对于早期版本，该系统引入了别具特色的管理界面，在功能上增强了存储、网络、虚拟化、云技术等易用性，管理员可以更容易地控制服务器。该系统提供了很多新的技术，包含新一代的Hyper-V 3.0虚拟化技术，为目前热门的虚拟化和云计算直接提供了支持。

知识拓展

云计算及特点

云计算（Cloud Computing）是使计算分布在大量的分布式计算机上，而非本地计算机或远程服务器中，企业数据中心的运行将与互联网更相似。这使得企业能够将资源切换到需要的应用上，根据需求购买和访问计算机和存储系统。

云计算是分布式计算（Distributed Computing）、并行计算（Parallel Computing）、效用计算（Utility Computing）、网络存储（Network Storage Technologies）、虚拟化（Virtualization）、负载均衡（Load Balance）、热备份冗余（High Available）等传统计算机和网络技术发展融合的产物。举例来说，类似人们生活中的电力供应，从原始的自主单台发电机模式转向了由发电厂集中供电的模式，用户需要使用服务器等资源可以通过购买并从互联网传输获得，云计算提供商整合分散在各地的服务器、存储系统以及应用程序来共享给多个用户，让用户能够像把灯泡插入灯座一样来使用计算机资源，并且根据其所使用的量来付费。

Windows Server 2012系统主要的特点如下：

（1）提供更方便的管理界面，采用新的服务器管理程序

该系统支持新的服务器管理程序界面，如支持创建服务器组（Server Group）。服务器组就是针对企业网络中存在的一组服务器。通过服务器组可以管理有着相同属性的服务器，能够获得服务器组中服务器上的特别信息。Windows Server 2012使得管理员能用更容易的方法配置、管理，并监控用户、资源以及设备，确保获得所需的安全性与访问。

（2）支持在命令行与图形界面之间切换

Windows Server 2012的管理不再以图形界面GUI为主，而是允许管理员在安装时候选择基本核心与全安装选项。当初次部署服务器时，管理员可以使用GUI去配置服务器角色和任务；当服务器开始正式运行时，管理员可以由图形界面转换为命令行模式，这样可以降低资源负载和能源消耗。在日常管理工作中，可以通过扩展的Windows PowerShell所提供的几百条命令完成全部管理工作。

（3）强大的虚拟机支持

通过Windows Server 2012自带的更高性能、更高扩展性的Hyper-V，利用虚拟化技术节约企业成本，并通过将多个服务器角色作为独立的虚拟机进行整合，优化服务器硬件投资。该版本中的Hyper-V可以访问多达64个处理器、1TB的内存和64TB的虚拟磁盘空间（仅限vhdx格式），最多可以同时管理1024个虚拟主机以及8000个故障转移群集。同时，Hyper-V Replica允许管理员将一个Hyper-V虚拟机通过网络连接复制到另一个服务器，这将提高灾难恢复的效率，也使得创建服务实例变得更加简单。

Windows Server 2012拥有强劲性能的虚拟化核心，需要庞大运算能力的企业关键应用（ERP和数据库系统等），可以实现由物理服务器向虚拟机的迁移。基于Windows Server 2012平台的新型SQL数据库云服务，可以为企业带来更高水平的应用能力，结合云端商业智能与大数据等技术，可以充分利用云计算所带来的优势。

（4）丰富的存储管理

Windows Server 2012提供了一些新的与存储相关的功能和特性，涉及重复数据删除、iSCSI、存储池及其他功能。

① 允许通过存储池与存储空间组合向用户提供更大的可视磁盘空间。

存储空间与存储池是Windows Server 2012的新功能。通过集群工业标准硬盘到存储池，然后在这些存储池中从已有容量中创造存储“空间”，以此实现存储虚拟化。每个空间使用起来就像普通硬盘一样。这样操作的好处是允许用户将物理磁盘的概念淡化，提供以可视的统一化方式将所有存储卷的容量整理起来，作为设备的整体磁盘空间。举例来说，如果在某台服务器上配备了不同容量及不同型号的多块物理磁盘，系统允许在存储池与存储空间技术的支持下，将这些容量视为一个单独的分卷，操作系统也能够对其准确加以识别。

② 重复数据删除性能。

在系统中，一些文件虽然存储的位置不同，但是存储的数据内容是相同的，传统模式的存储造成了系统冗余，通过系统提供的重复数据删除功能，可以有效节约存储空间、降低数据管理难度，使得存储更加高效。重复数据删除能够发现并删除数据内的重复信息而不损失数据的精确性或完整性的操作。

③ ReFS（弹性文件系统）。

ReFS（弹性文件系统，Resilient File System）是在Windows Server 2012中新引入的一个文件系统，目前只能应用于存储数据，还不能引导系统，并且在移动媒介上也无法使用。ReFS会以原子方式在磁盘上的不同位置写入数据，这样就可以在写入期间出现电源故障时改善数据弹性。ReFS还包括新的“完整流”功能，可以使用校验与实时分配来保护测序数据，并同时访问系统和用户数据。

相对于NTFS文件系统，ReFS拥有更高的容错能力，还能够支持体积更大的存储卷容量，使得逻辑卷扩展性更强，与存储空间相结合使得在数据损坏的情况下也不会死机。例如，一旦文件处理及传输过程遭受意外中断，ReFS文件系统将保护数据免受破坏。在磁盘出现坏道时，ReFS还能够避开损坏的存储区域。

（5）强大的网络配置与管理访问

Windows Server 2012提供了一系列新的和改进的功能，有助于降低网络复杂度，同时提供更高效、成本更低廉的网络管理机制。

① DirectAccess对VPN的支持。

DirectAccess允许任何端点在访问企业网络时可以拥有类似VPN的安全隧道。客户端上不必安装管理代理。只要正确地配置这一技术，用户便可无缝地连接到文件共享、本地设备和其他资源，就像它们在企业园区网中一样。此外，组策略对象可以应用于该技术，管理员可以管理分布于各地的计算机，无论这些机器是在公司总部，还是在其他地方连接到VPN上。

② 完备的IP地址管理（IPAM）。

IP地址管理（IPAM）套件允许管理员按一种有组织的方式分配、分组、分发、更新IP地址，并可与系统的DHCP以及DNS服务器集成，发现并管理网络中的已有设备。IPAM

包括自定义IP地址空间的显示、报告和管理、审核服务器配置更改和跟踪IP地址的使用、DHCP和DNS的监控和管理、完整支持IPv4和IPv6。

任务实施　从光盘安装Windows Server 2012操作系统

根据网络规模和客户需求，工程师小温确定在该服务器部署Windows Server 2012的企业版，同时根据公司网络需求和服务器硬件情况进行规划。服务器系统硬盘分两个以上分区，其中系统分区选为C盘，磁盘文件系统格式为NTFS。

考虑到本任务的实际情况，系统安装应选择全新安装，微软公司在销售网络操作系统时会给用户安装光盘，利用该安装光盘可以完成系统的整个安装步骤。在安装之前，工程师小温要检查系统的硬件配置。

技能提示

安装注意事项

在安装之前，如果目标计算机与不间断电源（UPS）相连，那么在运行安装程序之前，请断开串行电缆。这是因为安装程序将自动尝试检测连接到串行端口的设备，可能导致在检测过程中出现问题。

如果是从老版本升级服务器，应先备份服务器的数据、配置信息和禁用病毒防护软件。如果有大容量存储，应提供驱动程序，将该驱动文件保存到光盘或闪存驱动器。若要在安装期间提供驱动程序，则在磁盘选择对话框中单击“加载驱动程序”（或按<F6>键）。防火墙也应关闭，否则那些未经请求传入连接的服务器应用程序将失败，除非创建入站防火墙规则来允许这样做。

系统的安装步骤如下：

1）进入服务器的BIOS设置，将开机顺序设置为光驱优先启动，建议将BIOS中的病毒保护关闭，插入Windows Server 2012安装光盘，重启计算机。

2）当屏幕上出现如图1-4所示的界面时，则表示Windows Server 2012安装开始了。

图1-4　系统安装程序引导界面

3）在出现“Windows安装程序”界面后，选择安装语言和输入法，以及时间和货币格式，“要安装的语言”选择“中文（简体，中国）”就可以。单击“下一步”按钮，如图1-5所示。

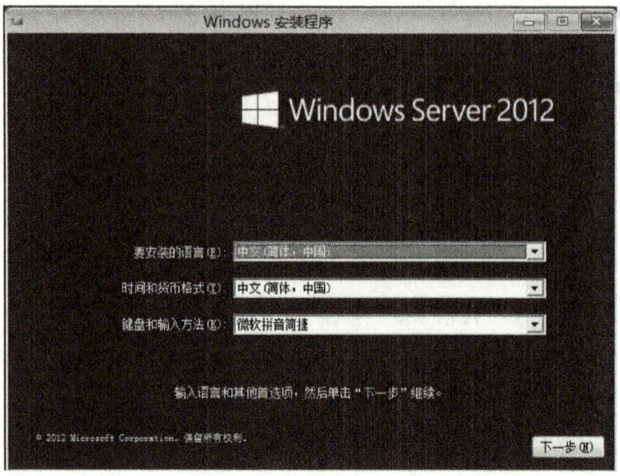

图1-5　选择安装设置

4）如果是全新安装，选择“现在安装（I）”；如果是在今后系统维护中对现有系统进行维护，则可以单击“修复计算机（R）”选项，如图1-6所示。

图1-6　进入Windows Server 2012安装界面

知识拓展

关于安装的有关说明

安装是一个基本概念，表示将新的操作系统装入服务器硬件。全新安装需要删除以前的操作系统。升级安装表示从现有的操作系统发行版过渡到更新的发行版，同时使用相同的硬件。例如，如果服务器运行的是Windows Server 2012，可以将它升级到Windows Server 2012 R2。可以从操作系统评估版升级到零售版，从早期的零售版升级到较新版本。

许可证转换：在某些操作系统发行版中，可以使用一个简单的命令和相应的许可证密钥，通过一个步骤将发行版的特定版本转换成同一发行版的另一个版本。例如，服务器正在运行Windows Server 2012 R2 Standard，管理员可以将它转换成Windows Server 2012 R2 Datacenter。

5）输入产品密钥，一般在产品包装盒上可以看到，如图1-7所示。一些试用版本或网络上下载的被预先设置的版本也可能不要求输入密钥，但是会对系统使用时间有限制。

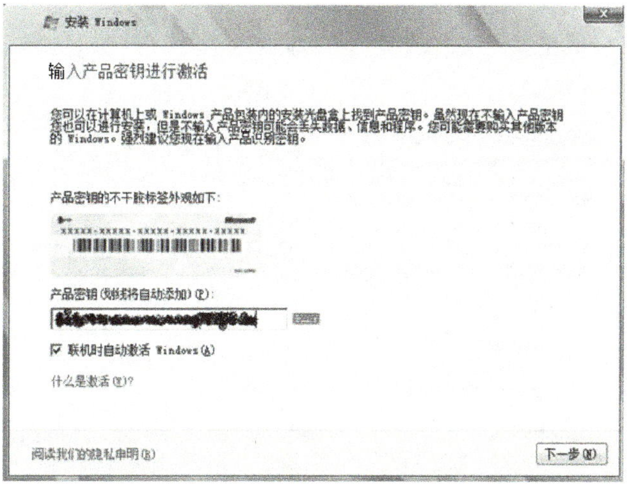

图1-7　输入产品密钥

6）选择安装的具体系统版本，如图1-8所示。从图中不难看出，Windows Server 2012支持多种安装模式。

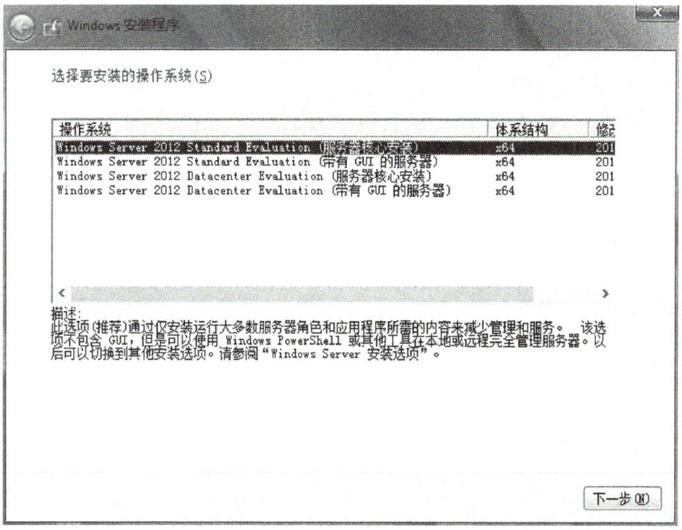

图1-8　选择具体安装版本

知识拓展

Windows Server 2012版本

Windows Server 2012有4个版本，分别是Foundation、Essentials、Standard和Datacenter。Datacenter与Standard版本产品提供相同的功能，都能在预处理器加客户端访问许可CAL基础上运行。Datacenter版允许在两个处理器上运行无限虚拟机。Standard版包括Windows Server 2012中的所有功能，不过在每台物理服务器上每个许可只允许运行两台虚拟机。Essentials and Foundation版本将用户分别限制到25和15，功能也受限。

7）阅读并同意软件许可协议。选中“我接受许可条款”复选框，单击“下一步”按钮，如图1-9所示。

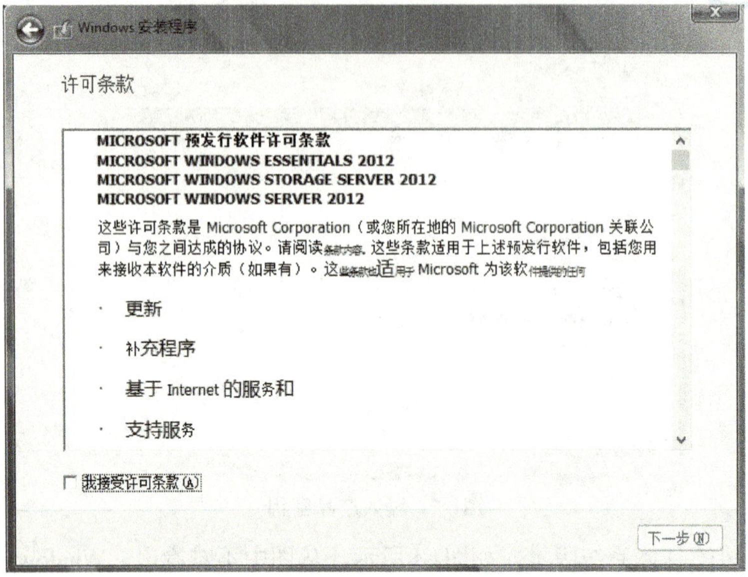

图1-9　阅读并接受软件许可安装协议

8）选择“自定义”准备进行定制安装，如图1-10所示。如果是在低版本升级安装，则可以选择“升级”。

9）对磁盘分区设置，为Windows Server 2012选择安装分区，如图1-11所示。选择分区后，单击“下一步”按钮。此处也可以对系统磁盘分区进行删除和新建处理。如果系统磁盘容量较大或者接口特殊需要驱动程序，在此处加载驱动程序。

10）图1-12所示为安装Windows Server 2012。

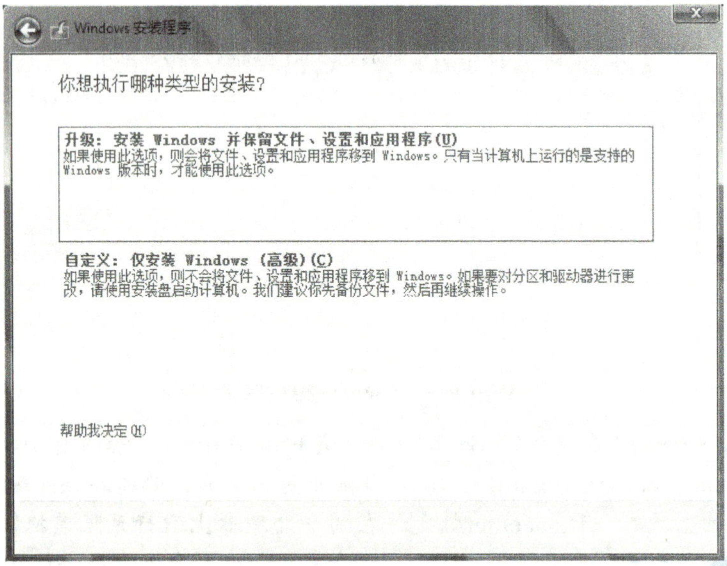

图1-10　选择安装类型

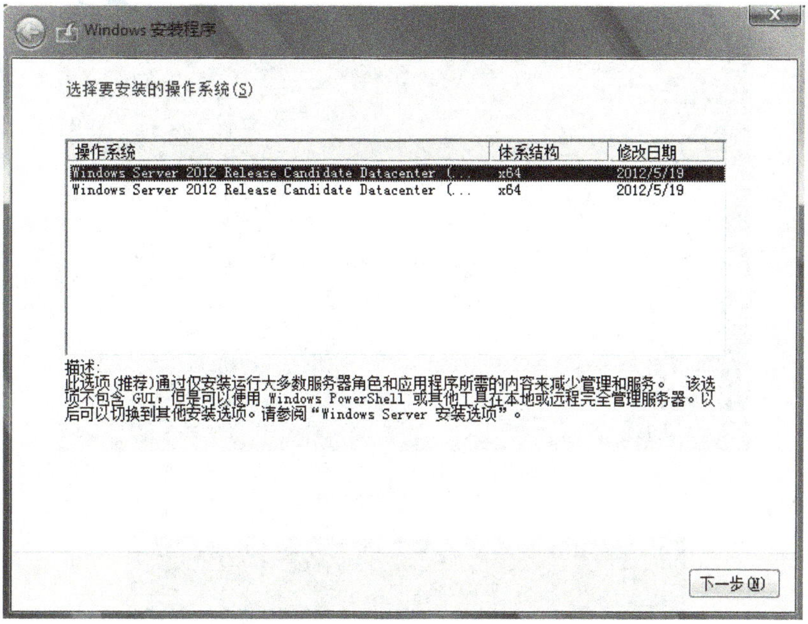

图1-11 选择安装分区

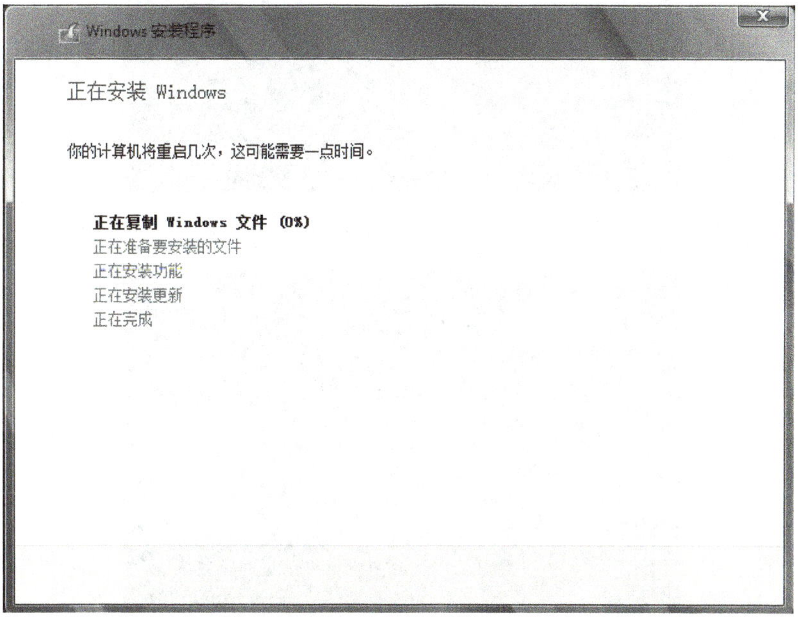

图1-12 安装Windows Server 2012

11）Windows Server 2012的安装基本完成，如图1-13所示。

12）出现如图1-14所示的用户登录界面。首次登录应输入管理员（Administrator）密码，单击“确定”按钮，就可以登录系统了。完成后经过简单设置，就可以进入系统界面，如图1-15所示。

图1-13　准备桌面

图1-14　登录界面

图1-15　系统界面

在该系统界面中不难看出，其界面风格和以前版本有了很大区别，在桌面上包括服务器管理器、管理工具、控制面板、任务管理器、PowerShell等常用的管理工具。管理员可以通过上述功能完成各项常规系统管理操作。

至此，Windows Server 2012系统安装就基本结束了。总体来看，如果管理员事先认真规划，系统安装本身并不复杂，安装过程也比较简单。需要注意的是，由于安装过程基本由系统自动完成，所以系统安装本身并不困难，管理员应更加关注安装前的准备和规划。例如，核心数据的备份和系统主要参数的选择。所以，作为网络管理员首先要掌握的技能不是安装系统本身，而是安装前的准备工作，如分区规划、文件资料备份等。

安装结束后，重新启动服务器，弹出如图1-16所示的系统启动界面，基本可以确认系统安装初步完成，之后应该按照使用习惯和环境进行基本配置以及各类服务和功能的添加。

图1-16　系统启动界面

知识拓展

Windows Server 2012的运行界面

在安装时，Windows Server 2012提供了两种安装选项：Server Core和Server with GUI，图1-16显示的就是后者。系统实际具备了4种运行界面模式。

① 图形界面模式（FullServer-Server with a GUI）：标准的服务器运行环境，包含资源管理器等图形界面。

② 带有桌面体验的图形界面模式（Desktop Experience）：提供桌面主题、壁纸、声音、触控以及应用商店等丰富的桌面体验。

③ 服务器核心模式（Server Core）：取消了大部分图形界面，并拥有最少角色和功能的最小化运行环境。

④ Minimal Server模式。该模式介于Server Core和FullServer之间，弥补了它们之间的间隙。Minimal类似于GUI环境，但是不提供“桌面”“开始屏幕”“Windows资源管理器”和“Internet Explorer”。它在Server Core的基础上为用户提供了最小化的服务器图形管理界面，用户能够使用服务器管理器、微软管理控制台（MMC）和部分控制面板工具。

这几种运行界面是支持切换的。例如，要将一个处于FullServer界面模式的系统切换至Server Core，那么可以直接运行命令行：“uninstall-Windowsfeature user-interfaces-infra”。在执行完命令后，需要重启计算机，之后便会看到当前的系统已经是Server Core界面模式，如图1-17所示。

图1-17　Server Core界面

技能提示

进入系统界面后，要熟悉整个系统的界面，作为服务器操作系统，管理功能是最多的，但是有时也要执行一些本地的系统操作。这些操作主要包括以下内容：

1）打开“开始”屏幕。

要打开“开始”屏幕，可以单击“开始”按钮。也可以将鼠标指针悬停在屏幕的左下角，当出现“开始”屏幕的缩略图时进行单击。

2）关闭或重新启动以及锁定、注销计算机。

如果要关闭计算机，则将鼠标指针悬停在屏幕的右上角，单击“设置”按钮，然后单击“关机”按钮。

如果要重新启动计算机，则将鼠标指针悬停在屏幕的右上角，单击“设置”按钮，单击“关机”按钮，然后单击“重新启动”按钮。

如果要锁定计算机，在“开始”屏幕的右上角单击你的用户名，然后单击“锁定”按钮。

如果要注销计算机，在“开始”屏幕的右上角单击你的用户名，然后单击“注销”按钮。

3）查看版本号。

打开“运行”对话框，使用winver命令查看当前的版本，如图1-18所示。

图1-18　查看版本号

Windows Server 2012发布后，如果服务器全新安装到了Windows Server 2012标准版或企业版（为了对比不同版本的功能特意安装），现在想将标准版升级到数据中心版，可以通过dism命令实现类似的功能。

4）访问当前屏幕的设置。

按<Windows徽标+I>组合键可打开当前屏幕的“设置”栏（如“开始”、桌面或某个Windows 应用程序）。将鼠标指针悬停在屏幕的右上角，然后单击“设置”即可设置当前屏幕。也可以通过单击“控制面板”→“外观”→“显示”，选择桌面背景和屏保，如图1-19所示

图1-19　设置屏幕外观

5）任务管理器的使用。

任务管理器，如图1-20所示。相对于早期版本改进了不少，包括网卡流量信息、系统服务都加进来了。管理员可以通过其了解目前服务器的工作状态。

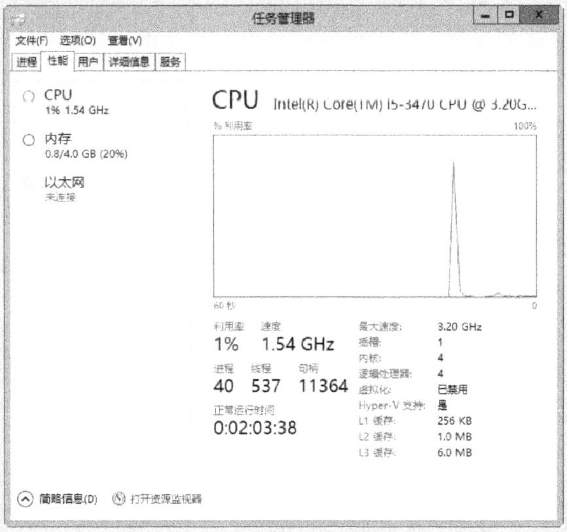

图1-20　任务管理器

为了方便管理，Windows Server 2012还提供了很多键盘快捷方式，见表1-2。

表1-2 Windows Server 2012中新增的键盘快捷方式

键	Windows 8或Windows Server 2012功能
Windows徽标键+空格键	切换输入语言和键盘布局
Windows徽标键+O	锁定设备方向
Windows徽标键+Y	临时显示桌面
Windows徽标键+V	循环浏览通知
Windows徽标键+Shift+V	以相反顺序循环浏览通知
Windows徽标键+Enter	打开“讲述人”（一个智能的语言工具软件）
Windows徽标键+PgUp	将Windows应用程序移到左侧的监视器
Windows徽标键+PgDn	将Windows应用程序移到右侧的监视器
Windows徽标键+Shift+句点（.）	将装订线移到左侧（贴靠某个应用程序）
Windows徽标键+句点（.）	将装订线移到右侧（贴靠某个应用程序）
Windows徽标键+C	打开“超级按钮栏”（包含常用工具的浮动任务切换栏）
Windows徽标键+I	打开“设置”窗口
Windows徽标键+K	打开“设备”窗口
Windows徽标键+H	打开“共享”窗口
Windows徽标键+Q	打开“搜索”窗口
Windows徽标键+W	打开“设置搜索”应用
Windows徽标键+F	打开“文件搜索”应用
Windows徽标键+Tab	循环浏览Windows应用程序
Windows徽标键+Shift+Tab	以相反顺序循环浏览Windows应用程序
Windows徽标键+Ctrl+Tab	循环浏览Windows应用程序，并在循环到某个应用程序时将其贴靠
Windows徽标键+Z	打开应用栏

任务2 Windows Server 2012系统基本配置

任务背景与分析

1. 客户需求

工程师小温按照学校要求完成了服务器的安装，网络中心王主任希望小温能将这几台服务器进行简单设置，为下一步部署系统服务做准备。

下面是两人的对话片段：

客　户：小温，我是第一次接触Windows Server 2012系统，看来这个版本系统的界面和管理与我们原来用的老系统有很大不同啊。

工程师：王主任，现在系统只是刚安装完毕，我一会儿将按照贵校的要求对服务器系统界面进行设置，您提供给我基本服务器网络参数等信息即可。

客　户：好的，一会儿设置时，中心的几位管理员也要跟着学一下，为今后管理服务器做准备。

2. 任务分析

要完成上述任务，首先必须熟悉该系统的管理界面及方式，系统本身提供命令行模式（PowerShell）以及图形界面模式进行管理。通过系统自带的“控制面板”及“服务器管理器”，管理员可以轻松地完成各项操作。采用Windows PowerShell模式也是可以的，针对各个服务，采用Microsoft 管理控制台（MMC）和管理单元方式进行系统管理也可以完成大部分管理任务。作为管理员，不但应该掌握GUI界面的管理工具使用，还应逐步掌握命令行模式的系统管理。

工作流程：熟悉系统界面→完成界面设置→熟悉管理工具→完成系统配置。

3. 任务工单

根据王主任的要求，工程师小温首先填写任务工单，见表1-3。

表1-3　迈联公司工程任务工单

客户名称：××学校网络中心　　　　任务单号：P2014060102

现场地点	××学校网络中心机房	日期	2014年9月2日
客户要求	1）完成对服务器系统界面的设置，根据要求，先设置为GUI界面 2）完成对服务器桌面及基本参数的设置		
现场环境及参数	服务器型号：IBM System ×3850×5企业级机架式4U服务器 相关参数信息：IP地址继续使用数字校园原来的IP地址，预留服务器地址为172.16.0.88～172.16.0.99服务器名称分别为MYSERVER01、MYSERVER02、S_SERVER02		
联系方式	联系人：王主任　　联系电话：133××000001	工时	2

4. 核心能力点

在系统的“开始”界面中，有几个常用的图标：控制面板、管理工具、服务器管理器等。如果希望在桌面上显示更多常用图标，可以按<Windows微标+R>组合键，在对话框中输入：rundll32.exe shell32.dll，Control_RunDLL desk.cpl，0，并且选择需要的图标显示到桌面上，如图1-21所示。

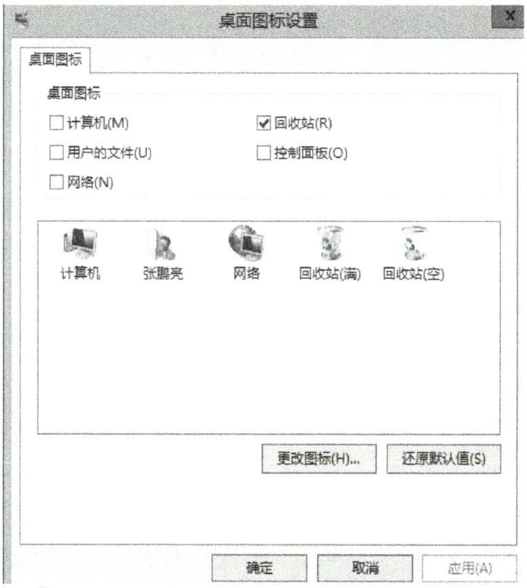

图1-21　设置桌面图标

1）访问控制面板。

管理员可以从“开始”屏幕和桌面访问控制面板。在“开始”屏幕上，单击“控制面板”。或者在桌面上，将鼠标指针悬停在屏幕的右上角，单击“设置”菜单，然后单击“控制面板”选项，将控制面板添加到桌面上。

2）使用管理工具。

“管理工具”文件夹中含有指向许多通用Microsoft管理控制台（MMC）管理单元的链接，包括“计算机管理”“事件查看器”和用于已安装角色或功能的管理工具。

打开管理控制台，可以从“开始”屏幕打开MMC，方法是在“开始”屏幕上，输入“mmc”在“应用”结果中单击“mmc”。或者在桌面上，按<Windows徽标键+R>组合键打开“运行”对话框，在“运行”对话框中输入“mmc”，然后按<Enter>键。

3）服务器管理器。

Windows Server 2012中提供了全新的部署和管理方法，可以管理数百个虚拟机，并且围绕着Power Shell和图形界面的管理终端服务器管理器。服务器管理器中提供了传统的GUI，但后台运行的是Power Shell命令行。命令行可以直接在PowerShell中进行复制、编辑和执行等操作。Power Shell扩展支持了2000多种新命令。

在“开始”屏幕上，单击“服务器管理器”即可打开服务器管理器。在默认情况下，当“管理员”组的某个成员登录正在运行Windows Server 2012的计算机时，将启动服务器管理器，如图1-22所示。如果服务器管理器尚未打开，或者用户不是管理员，需要手动开启服务器管理器。

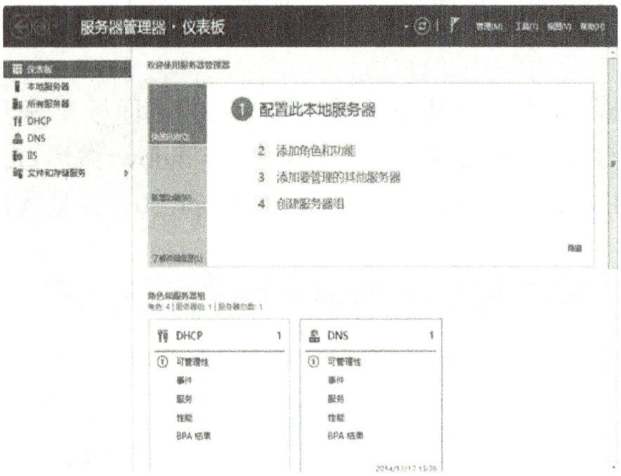

图1-22　服务器管理器

Windows Server 2012的顶部虽然显得非常简洁，但内容非常丰富。顶部右侧的工具栏有管理、工具、查看和帮助。

管理：在这里可以添加、删除角色和功能，添加服务器及创建服务器组。

工具：类似旧版本里的“管理工具”。虽然没有了图标，但显得更加简洁。

查看：在查看里，可以调整整个面板的显示大小，可以更加方便地在不同设备上进行切换。

服务器管理器能够将机器部署为本地虚拟化主机或者直接迁移至云端，这让企业用户的所有操作都置身于云端。在服务器管理器中还提供了追踪系统管理线索功能，该功能可以查看服务器状态和服务器进程以及查看事件记录的窗口操作。同时，在操作界面上，服务器管理器提供拖曳效果，解决了没有多屏显示设备的困扰，并包含多个独立的管理模块，对于角色和服务都是以图形的方式体现出来的。

服务器管理器还提供了更便捷的故障解决方案。所提供的报警功能可以在发生安全问题的时候向下拖曳进行处理。

任务实施　Windows Server 2012系统的设置

1）重命名Windows Server 2012服务器。

打开“服务器管理器”的首页，单击“配置此本地服务器”，弹出如图1-23所示的窗口。

图1-23　配置本地服务器参数

在1-23所显示的窗口中，可以看到一些当前服务器的参数信息，如“计算机名”“工作组”“防火墙”“以太网”等，这些均可以进行更改。其中，“计算机名”是一个通用的名称，其修改方式也非常简单，只需要单击该名称就会弹出如图1-24所示的对话框。

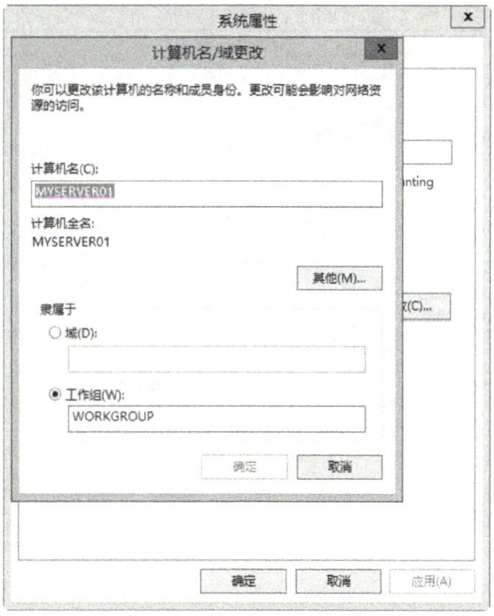

图1-24　修改计算机名

2）修改Windows Server 2012服务器工作组或域。

工作组（Work Group）就是将不同的计算机按功能分别列入不同的组中，以方便管理。域是一种管理边界，用于一组计算机共享的安全数据库。域实际上就是一组服务器和工作站的集合。其修改如图1-24所示。

3）配置服务器的IP地址。

每台接入网络的计算机都需要有IP地址才能正常通信。Windows Server 2012安装后默认的IP地址是动态形式。在实际应用中，服务器应被设置为静态IP地址，所以需要将其设为固定的IP地址。单击图1-23中的“以太网”，弹出如图1-25所示的对话框。

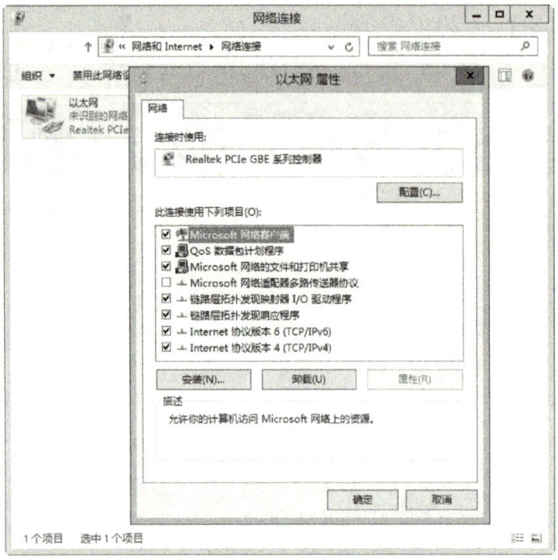

图1-25　以太网状态

单击“属性”按钮，就能看到设置的页面了，如图1-26所示。选中“使用下面的IP地址”单选按钮，根据客户的要求，输入固定地址。同时，还可以设置DNS信息。

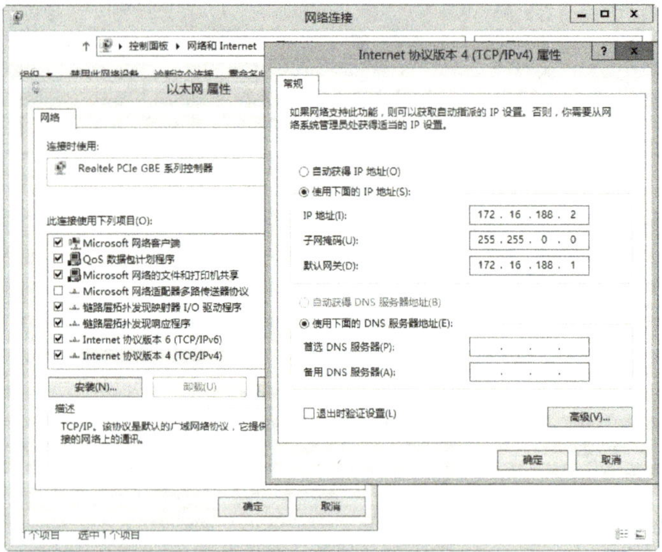

图1-26　Internet协议版本的属性

4）配置Windows Server 2012自动更新。

Windows Server自动更新是一项很重要的功能，系统应该及时更新补丁。当更新发布时，自动更新会及时提醒管理员下载和安装，以在第一时间更新操作系统，修复系统漏洞，保护计算机安全。首先，检查图1-27右侧的“Windows 更新”是否配置，如果未配置，则单击进入，启动自动更新。启用后，检查更新如图1-28所示。

图1-27　启动自动更新

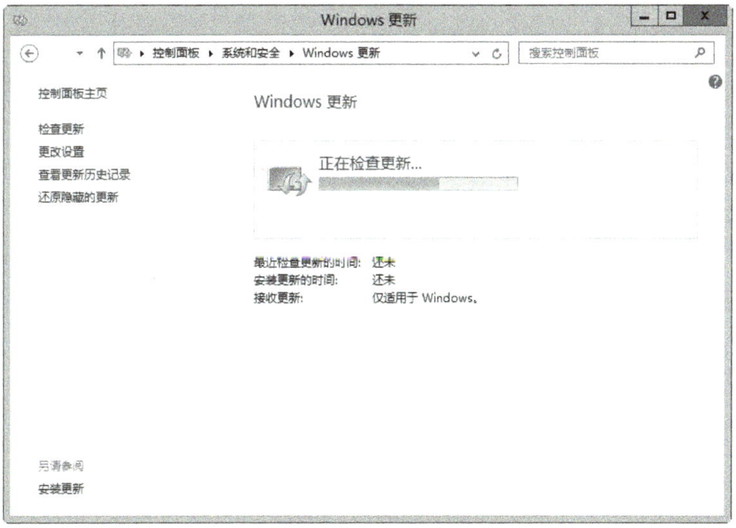

图1-28　检查更新

5）开启Windows错误报告。

如果想将服务器上的问题发送给微软公司，以获得解决问题的方法，可以开启Windows错误报告，开启后的界面如图1-29所示。

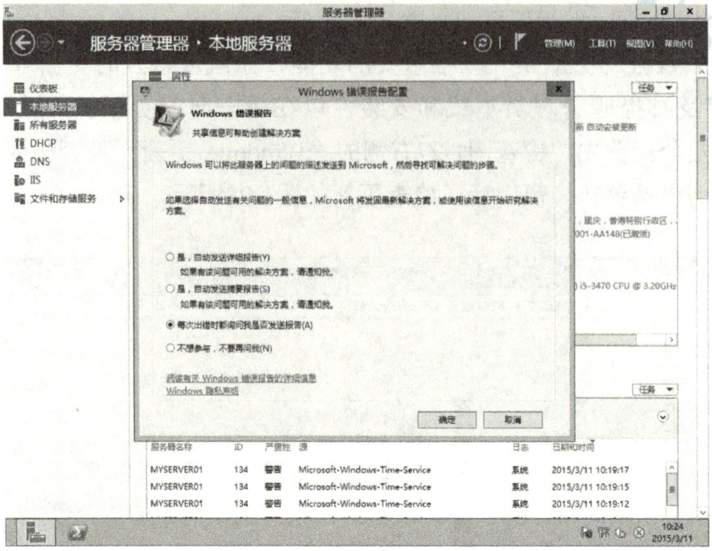

图1-29　Windows错误报告开启设置

技能提示

为方便操作，这里介绍几种比较常见的简便操作：

1）启动时不需要按<Ctrl+Alt+Delete>组合键

单击“控制面板’→“管理工具”→“本地安全设置”，弹出“本地安全设置”窗口，然后选择“安全设置”→“本地策略”→“安全选项”，在右侧，将“交互式登录：无须按Ctrl-Alt-Del”改为“已启用”。

2）允许未登录时关机。

单击“控制面板”→“管理工具”→“本地安全设置”，弹出“本地安全设置”窗口，将“关机：允许系统在未登录的情形下关机”改为“已启用”。

3）关机不用输入理由。

运行组策略管理器gpedit.msc，然后单击“计算机配置”→“管理模板”→“系统”，禁用“显示关闭事件跟踪程序”。

任务3　系统角色与功能的配置

任务背景与分析

1．客户需求

工程师小温按照学校要求，完成了服务器的基本参数配置，网络中心王主任比较满意，同时和小温沟通，要求将这几台服务器进行功能添加，以实现服务功能。

下面是两人的对话片段：

客　户：小温，现在看来系统安装是完成了，但是各类服务功能还没有安装，是不是按照要求把这些功能添加上。

工程师：王主任，现在服务器可以运行了，具体需要添加什么服务请您列个单子，我好进行安装。

客　户：好的，要添加的服务我会写给你。

2. 任务分析

要完成上述任务，主要通过“服务器管理器”来实现。管理员在完成此类操作之前，应该详细了解需要添加的服务器角色所在的服务器位置、相关功能等信息。

工作流程：熟悉服务器管理器→根据需要添加相应服务功能和角色。

3. 任务工单

根据王主任的要求，工程师小温首先填写任务工单，见表1-4。

表1-4　迈联公司工程任务工单

客户名称：××学校网络中心　　　　任务单号：P2014060103

现场地点	××学校网络中心机房	日期	2014年9月3日
客户要求	1）帮助几位管理员了解服务器管理器的界面和使用 2）按照要求，添加服务		
现场环境及参数	服务器型号：IBM System ×3850×5企业级机架式4U服务器 相关参数信息：IP地址继续使用数字校园原来的IP地址，预留服务器地址为172.16.0.88-172.16.0.99。服务器名称分别为MYSERVER01、MYSERVER02、S_SERVER02		
联系方式	联系人：王主任　　联系电话：133××000001	工时	8

4. 核心能力点

一般，此类服务功能和角色的添加和管理操作应该通过服务器管理器来实现。服务器管理器主要包括仪表板、本地服务器、所有服务器以及文件和存储服务。

1）服务器管理器默认情况下显示“仪表板”，即服务器管理器的欢迎界面和一些重要信息，如服务器事件、日志等信息。

2）“本地服务器”中显示了几乎全部的本地服务器信息，拖动右侧的滚动条可以看到更多内容，如服务、详细的日志、服务器角色等。还有用于性能评估和分析的工具，基本上和服务器就有关的都能够在这里找到。

3）“文件和存储服务”分为3块，分别是服务器、存储池以及卷。

如果需要对一台服务器进行设置，那么在“服务器管理器”中只需要选择“本地服务器”即可；如果需要对多台服务器包括远程服务器进行设置，则应选择“所有服务器”。单击“添加角色和功能”，弹出如图1-30所示的界面。

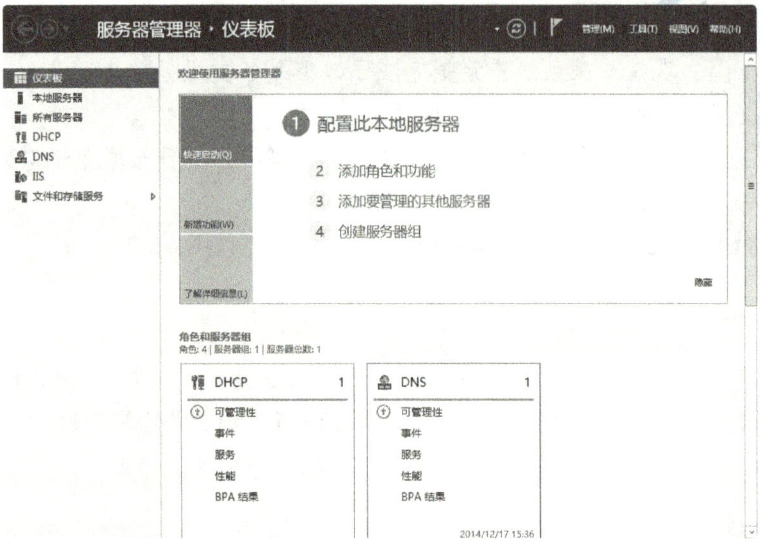

图1-30 配置本地服务器

任务实施 添加服务器角色和功能

Windows Server 2012提供了诸多的服务，每台服务器根据需求和应用领域，安装的服务也各不相同。这里以通过添加角色和功能向导添加“.NET Framework 3.5”为例介绍具体的操作步骤。

1）首先打开添加角色或功能向导，如图1-31所示。

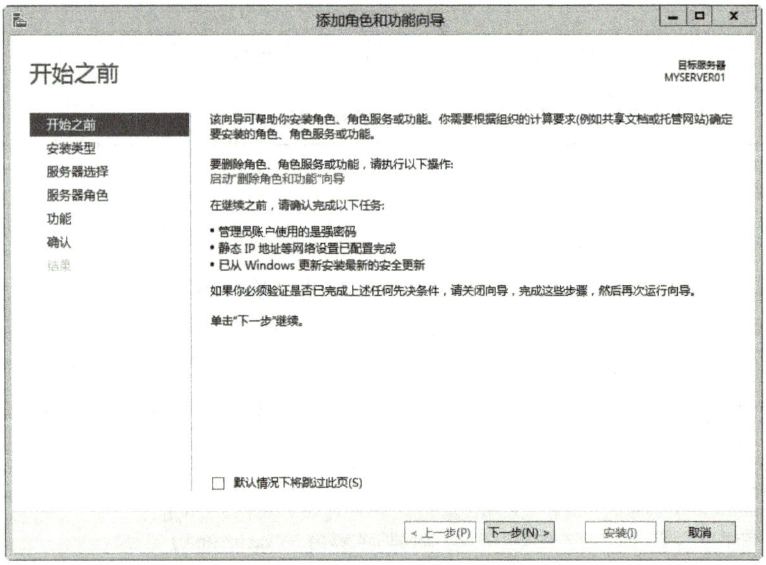

图1-31 添加功能和角色

2）接下来系统会提示选择“基于角色或基于功能安装”还是“远程桌面服务安装”，如图1-32所示。这是因为Windows Server 2012把Server划分成了两类，一类是传统的，一类是用于云计算虚拟化的。这样的划分能够更快更准确地部署好需要的服务器。如果选择“远程桌面服务安装”，此时左侧的步骤就会自动地切换到“虚拟化”方案步骤，并罗列虚拟化的角色和功能，完全屏蔽掉与此无关的功能，如ADDS服务等。这里由于计划安装.NET Framework 3.5，因此直接选择“基于角色或基于功能安装”。

图1-32　选择安装类型

3）提示选择要添加角色或功能的服务器名称，可以选择本地的、局域网中的、服务器组中的，还可以选择基于虚拟磁盘的离线服务器，这里选择本地服务器，如图1-33所示。

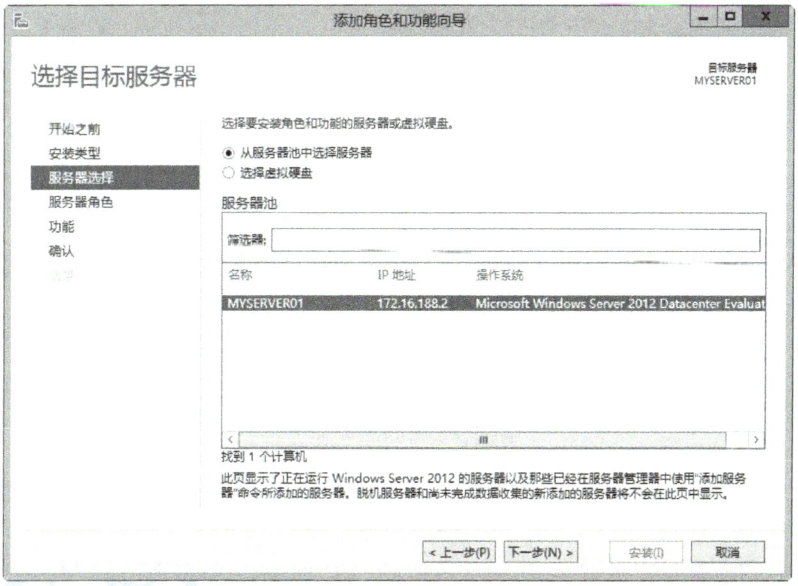

图1-33　选择安装服务器

4）然后提示选择要添加的角色，不添加角色则直接跳过这一步骤，如图1-34所示。

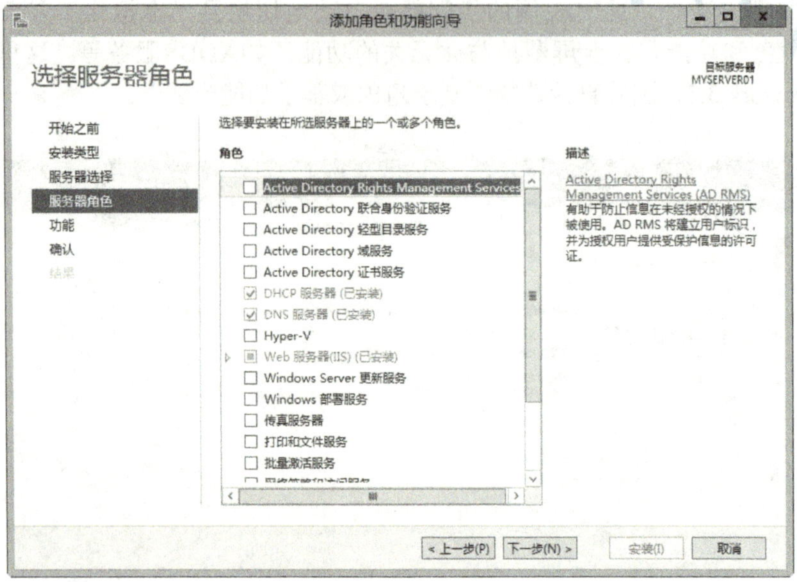

图1-34　添加服务器角色

5）选择.NET Framework 3.5，会在顶部出现一个加载条，单击右侧的“关闭”按钮可以取消添加功能的选择，如图1-35所示。

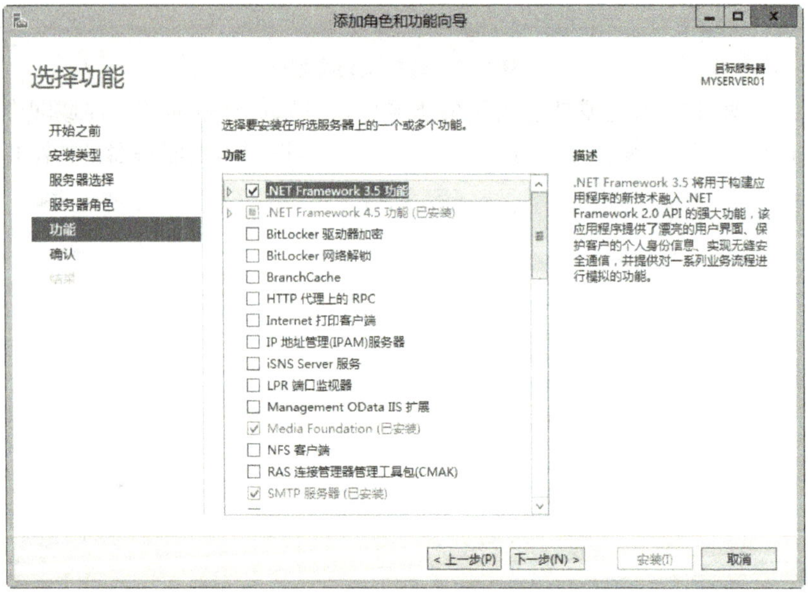

图1-35　选择安装功能

6）然后是确认页面，可以选中“自动重启服务器”复选框。如果功能需要，则单击安装，如图1-36所示。

由于采用了服务器管理器完成对服务器角色功能的添加和删除，整体操作过程并不复杂。管理员应按照服务器实际需求添加，不必要的服务不要随便参加。从安全的角度来看，服务越多，安全隐患就越多。

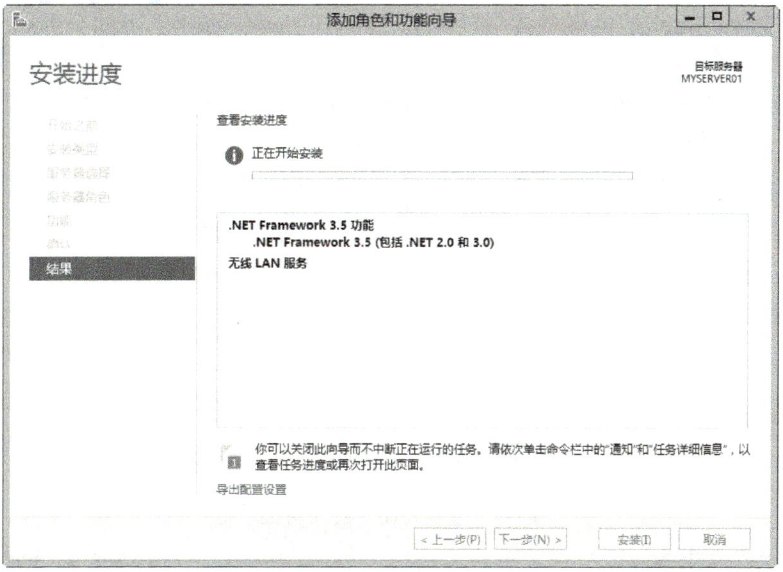

图1-36　安装服务器功能

任务4　初步了解Windows PowerShell

任务背景与分析

1. 客户需求

工程师小温通过“服务器管理器”完成了这几台服务器服务功能和角色的添加，目前这几台服务器安装与配置初步完成。网络中心王主任分别对这几台服务器进行了查看，要求小温介绍下服务器命令行模式的管理到底是怎么回事。

下面是两人的对话片段：

客　户：小温，现在服务器安装配置已经基本完成了，不过，听你介绍，Windows PowerShell比采用图形界面的管理模式更加快捷，同时也更安全，麻烦你介绍下具体应用。

工程师：王主任，Windows Server 2012提供图形界面管理，同时也支持命令行管理方式，但是如果对Windows Server 2012不是很熟悉，不建议现在就切换到命令行模式。我建议，这段时间还是用GUI界面，等贵校的管理员完全熟悉服务器操作了，那时可以随时切换到PowerShell模式。这样吧，我先简单演示下PowerShell的基本使用，具体命令由于数量确实很多，建议慢慢体会，具体命令参考管理手册，不要着急。

客　户：好的，非常感谢，先介绍下PowerShell的基本原理以及命令行语法就可以。

2. 任务分析

Windows PowerShell是由微软提供的构建于.NET Framework之上的全新shell程序。相对于传统的CLI命令行模式，PowerShell是一种基于任务的命令行shell和脚本语言，专门用于管理系统，能够帮助用户控制和自动管理Windows操作系统以及在Windows上运行的应用程序。同时也支持采用PowerShell Web服务实现远程控制。

Powershell需要用到.NET框架和cmdlets命令集。作为PowerShell的用户，可以使用系统自带的cmdlets，也可以自定义cmdlets，扩展实现更强大的功能。

本任务主要是向客户介绍如何进入PowerShell，如何在PowerShell和图形界面之间切换，PowerShell的命令行模式语法、要求以及常用的命令。

工作流程：向客户介绍PowerShell→进入PowerShell→演示几条常见的PowerShell命令。

3. 任务工单

根据王主任的要求，工程师小温首先填写任务工单，见表1-5。

表1-5　迈联公司工程任务工单

客户名称：××学校网络中心　　　　　　　　　　任务单号：P2014060104

现场地点	××学校网络中心机房	日期	2014年9月4日
客户要求	1）PowerShell与图形界面的切换 2）PowerShell命令格式 3）常见PowerShell命令		
现场环境及参数	服务器型号：IBM System ×3850×5企业级机架式4U服务器 Windows Server 2012系统		
联系方式	联系人：王主任　　联系电话：133××000001	工时	4

4. 核心能力点

Windows PowerShell内置命令（称为cmdlet）可用于通过命令行管理企业中的计算机，包括管理注册表、服务、进程和事件日志，以及使用Windows Management Instrumentation 等。使用PowerShell，用户可以像访问文件系统那样轻松地访问数据存储，如注册表和证书存储。PowerShell还具有一个功能丰富的表达式分析程序和一种经过充分开发的脚本语言。通过扩展接口，软件供应商和企业开发人员可以构建自定义工具和实用程序来管理其软件。

PowerShell是基于对象而不是基于文本。PowerShell命令（对象）的输出可以输入到另一个命令中去，而无须加入额外的代码。而在传统的脚本语言中，如果想让一个命令传递到另一个命令，就需要用额外的代码来把需要传递的命令转换成第二个命令可以理解的数据与格式。系统管理员还可以对PowerShell命令进行自定义。PowerShell允许用户为cmdlet创建自己定义的别名，甚至创建自己的cmdlet。

获取PowerShell 3.0有以下两种方式：一种是内置，一旦装上了Windows Server 2012，则默认的PowerShell版本就是PowerShell 3.0；另外一种方式是下载，如果服务器安装了Windows Server 2008、Windows Server 2008 R2或Windows 7，也可以下载PowerShell 3.0。

任务实施　了解PowerShell的运行环境

1. 打开与退出PowerShell

单击系统的“开始”图标，然后在弹出的菜单中选择“运行”，在打开的运行对话框中输入PowerShell，按<Enter>键就可以打开PowerShell。也可以在“开始”屏幕上单击“Windows PowerShell”快捷图标进入PowerShell，如图1-37所示。

图1-37　PowerShell界面

如果要退出PowerShell，则直接单击窗口右上角的“关闭”按钮就可以，也可以在窗口中输入“EXIT”命令实现退出。

2. 获得帮助

在PowerShell窗口命令提示符后输入man、help、get-help 3个命令中的任何一个都可以获得帮助，如图1-38所示，一般推荐使用man命令。

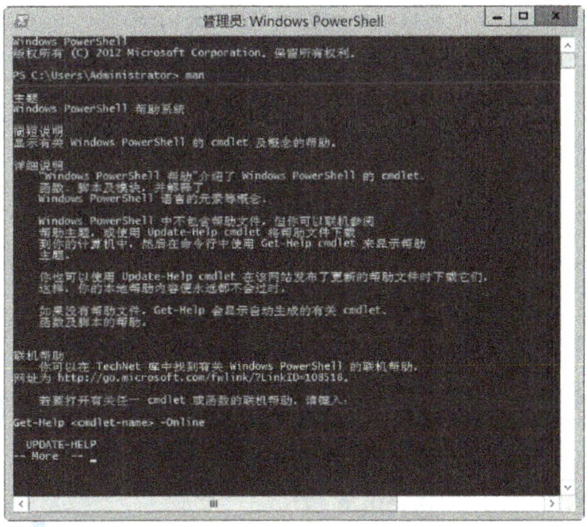

图1-38　man命令窗口

知识拓展

在Windows PowerShell中内置了129个命令供管理员使用，这些命令称为Cmdlet。除了很多在DOS中的命令可以继续使用之外，还有PowerShell内置的一些命令。每个命令由两部分组成，前半部分表示动作，后半部分表示动作的标的，如Get-Help、Get-Command、Write-Host等。在Windows PowerShell中输入命令时，不需输入全部名称，只需输入其中几个关键字，PowerShell会自动匹配。例如，只输入get-he，然后按<Tab>键，屏幕上就可以出现完整的Get-Help命令。

3. 查看PowerShell已经定义的一些别名

别名是把原本比较长的字符命令定义成比较简单的几个字符，以后输入重新定义的简单的字符命令并执行，也可以执行原来的命令。

输入alias或gal，或者get-alias都可以查看系统已经定义好的别名，如图1-39所示。

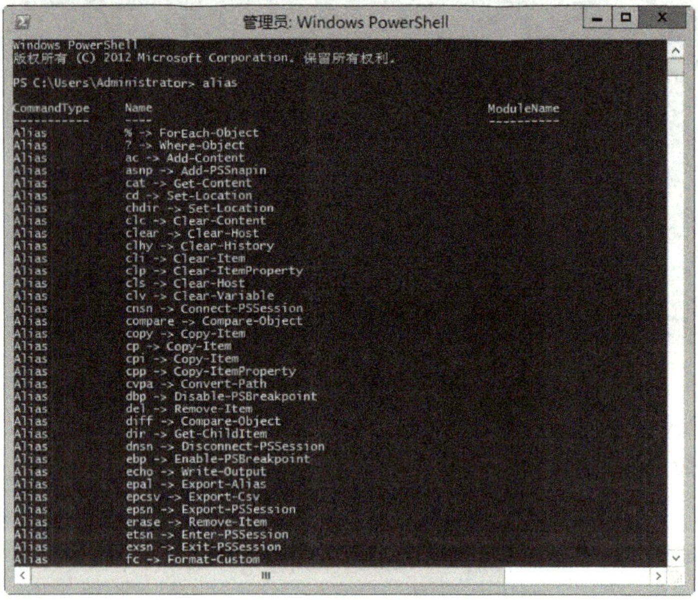

图1-39　别名命令窗口

4. 文件目录操作

常见的文件目录操作如下：

1）新建目录命令格式：New-Item目录名-ItemType Directory。

2）新建文件命令格式：New-Item文件名-ItemType File。

3）删除目录命令格式：Remove-Item目录名。

4）显示文本内容命令格式：Get-Content文件名.txt。

5）设置文本内容命令格式：Set-Content文件名.txt -Value "内容"。

6）追加内容命令格式：Add-Content a.txt -Value"content2"

7）清除内容命令格式：Clear-Content a.txt。

例如，显示文件列表信息可以使用LS或DIR命令，如图1-40所示。

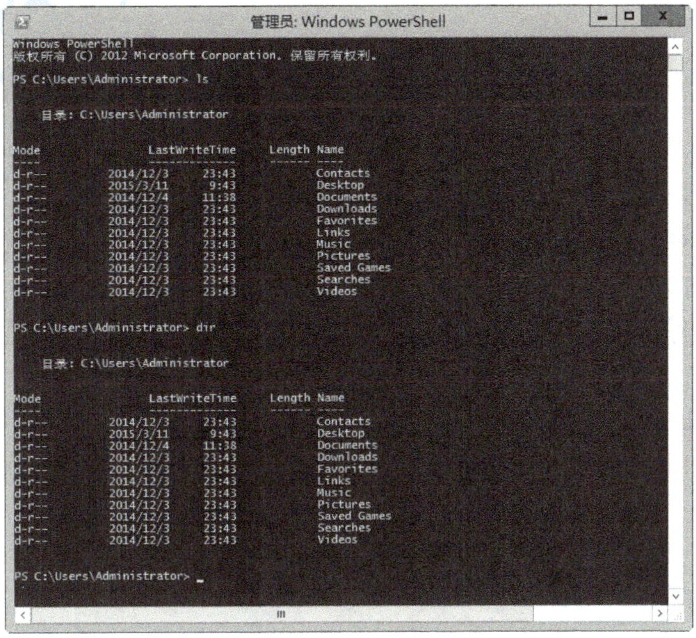

图1-40　LS命令窗口

5. 查看系统配置信息

查看网络信息的命令为ipconfig/all和ipconfig/all。这两个命令都可以在cmd命令工具中使用，但是只有ipconfig/all才能在PowerShell用，如图1-41所示。

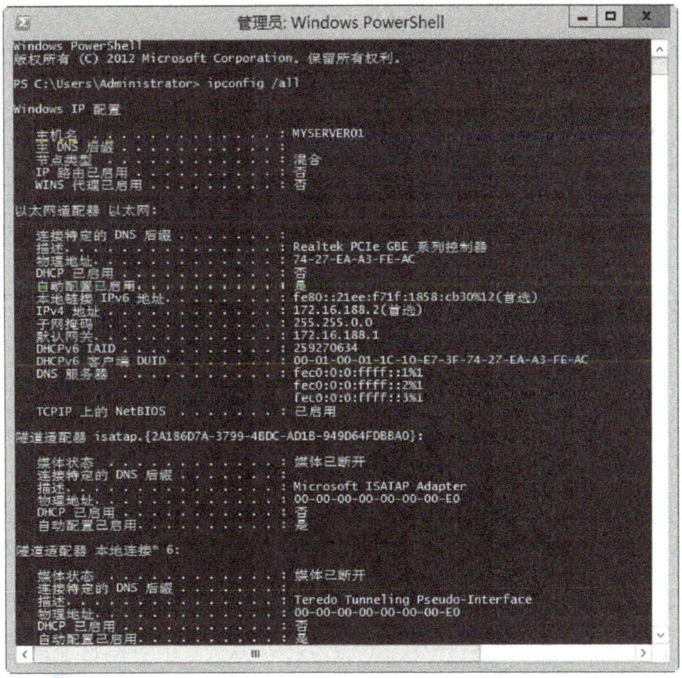

图1-41　显示网络参数信息命令窗口

6. 脚本命令支持

Windows PowerShell除了提供交互式界面外，还完全支持脚本。在Windows PowerShell中，脚本文件的文件扩展名为.ps1。若要运行脚本，则在命令提示符下输入该脚本的名称即可。

7. 其他常用系统命令

1）启用快速开关机（就是启用休眠），以管理员身份运行cmd命令，输入“powercfg / H on”，这样就可以开启Windows休眠，并创建休眠文件，实现快速开关机。

2）添加.net组件。

运行PowerShell，输入

Import-Module Servermanager

add-Windowsfeature NET-Framework-Features -Source:盘符:\安装目录\sources\sxs

能力拓展

工程师小温回到公司后，部门经理告诉他，现在公司接了海星公司的办公自动化网络项目，前期的综合布线和硬件安装基本完毕，现在根据合同要求，需要派人给海星公司安装配置服务器，服务器操作系统也是Windows Server 2012。该公司的情况如下：

公司员工100人，有以下几个部门：总经理办、财务部、公关部、人力资源开发部、保安部。

公司考虑小温技术比较熟练，派小温去海星公司完成以下任务：

1）在服务器上安装系统并配置系统。

2）根据实际情况分配IP地址与主机名。

3）根据该公司的需要在服务器上添加Web和DNS服务。

单元知识总结

作为一名IT公司的技术人员，不但要掌握岗位所要求的专业技能，还要具备与客户沟通的能力。本学习单元对Windows Server 2012系统的相关知识进行了介绍，并结合实例介绍了如何安装配置Windows Server 2012系统。作为管理员，在安装服务器之前，应该按照服务器的使用环境以及需要提供的服务进行合理规划，在此基础上进行系统的安装。安装完成后，首先应该按照管理习惯和使用场所对系统进行必要的配置，添加必要的服务功能和角色。对于Windows Server系统，建议管理员除了会使用图形界面进行系统管理外，还应该掌握PowerShell常用命令的使用与管理。

学习单元自我评价表见表1-6。

表1-6　学习单元自我评价表

	学习目标	核心能力点	自我评价	
职业岗位能力	掌握系统安装以及设置的相关知识，知道系统配置的基本要求，了解系统管理的基本知识	掌握服务器与网络系统的定义、功能和分类。知道常见网络操作系统Windows Server、Netware、UNIX、Linux		
		熟悉Windows Server 系统版本，特别是早期的Windows NT的特点		
		掌握Windows Server 2012软件的版本与特点，以及一些新技术。了解云计算的定义		
	安装前规划好网络操作系统的相关参数 完成Windows Server 2012系统的安装	了解Windows Server 2012的安装最低要求		
		做好安装前的准备工作。了解系统安装必要的参数以及数据备份		
		能独立完成系统安装，会卸载系统		
		熟悉基本系统界面和使用。可以简单配置桌面，了解快捷键的使用		
	完成Windows Server 2012系统基本应用和简单设置	掌握系统设置和管理的基本方法，了解常用窗口界面		
		能完成系统主机名、IP地址等的设置		
	完成Windows Server 2012系统的功能与角色服务的管理	掌握服务器管理器基本界面的使用和各部分功能		
		掌握服务器角色的添加，并根据添加的角色选择配套的服务		
	初步掌握PowerShell	掌握PowerShell的基本作用		
		掌握几种简单命令的使用，如MAN、LS等命令		
通用能力	沟通表达能力			
	解决问题能力			
	综合协调能力			

学习单元2
活动目录的配置与用户管理

单元情境与学习目标

活动目录（Active Directory，AD）是面向Windows Server的目录服务。活动目录服务是Windows Server 操作系统平台的中心组件之一。理解活动目录对于理解Windows Server 的整体价值是非常重要的。本学习单元将介绍关于活动目录服务所涉及的概念和技术。通过其了解活动目录的用途与工作原理，并详细介绍该服务的管理与配置操作。

在前一个学习单元中，工程师小温已经根据校方的要求，完成了服务器系统的安装与配置，并添加了服务，系统运行正常。这只是系统管理的第一步，为了使校园网中各职能部门和每一位教师的办公计算机都能访问到相关信息，还应考虑到部门工作量和网络资源的安全性等问题。

针对上述问题，小温提出利用活动目录来简化管理、加强网络资源安全性、且能够支持扩展的互操作性。通过活动目录实现批量地对域、组、用户进行管理。

安装活动目录并对用户进行管理的基本流程如下：首先和用户确认需求→建立域控制器→客户机登录域→管理用户账号→管理组账号→管理组织单位。

单元学习目标

知识要求

了解Windows Server 2012活动目录的作用和工作流程。

工作任务要求

1）了解活动目录的作用结构及基本概念。

2）学会建立域控制器的方法和步骤。

3）掌握通过客户机登录域控制器的方法。

4）掌握域用户账户和组的管理。

5）掌握组织单位OU的创建及管理。

任务1　建立域控制器

任务背景与分析

1. 客户需求

网络中心王主任对工程师小温的工作很满意，他向小温介绍了学校现在校园网络的基本情况、部门划分、人员组成等情况。提出基于今后网络管理和维护的工作量的角度考量，希望小温能完成对数字校园网络资源的统一管理，并且对内部网络资料安全问题提出了自己的担忧。下面是两人的对话片段：

客　户：我校现在最大的问题是虽然办公计算机很多，但并不是所有的老师都会访问和利用学校内部资源，各职能部门访问信息的权限设置也不是很清晰。上一次学校的财务工作人员竟然无法查询到学校的学费缴纳情况，只能查原始票据，大大降低了工作效率。

工程师：单纯地通过管理员进行培训的方式管理校园网络是会出现这样的问题，建议安装活动目录，把各职能部门、各科室教师的办公计算机添加到目录中，这样就可以很方便地管理用户及资源了。

客　户：具体怎么实现呢？

工程师：首先要建立一个域控制器，在此基础上进行设置就可以满足贵校的要求。

2. 任务分析

根据该校校园网络的业务需求并结合该学校的具体网络实际，可以看出该网络规模还是很大的。客户要求安装域控制器来对各部门和相关教师的办公计算机进行统一管理。要完成此任务，就必须了解活动目录及域控制器的有关知识和操作。

工作流程：确认用户需求与功能分析→填写安装工单→安装规划→实施域控制器安装→完成配置基本服务。

3. 任务工单

根据王主任的要求，小温在询问了相关信息后，填写了任务工单，见表2-1。

表2-1　迈联公司工程任务工单

客户名称：××学校网络中心　　　　　　　　　　　　任务单号：P2014060201

现场地点	××学校网络中心机房	日期	2014年9月2日
客户要求	1）建立域控制器 2）通过CMD指令行验证AD是否安装成功 3）确认NetBios域名，指定AD DS数据库、日志和SYSVOL的存储位置，并查看配置的详细信息 4）域控制器名称为“school.edu”		
现场环境及参数	3台Windows Server 2012服务器，其中一台为域控制器		
联系方式	联系人：王主任　　联系电话：133××000001	工时	4

4. 核心能力点

要想完成活动目录相关服务的添加、配置与管理，管理员应该了解活动目录的相关知识。

在日常管理工作中，经常将数据存储作为目录的代名词。目录包含了有关对象，如用户、用户组、计算机、域、组织单位（OU）以及安全策略的信息。这些信息可以被发布出来，以供用户和管理员使用。

目录存储在被称为域控制器的服务器上，并且可以被网络应用程序或者服务所访问。一个域可能拥有一台以上的域控制器。每一台域控制器都拥有它所在域的目录的一个可写副本。对目录的任何修改都可以从源域控制器复制到域、域树或者域林中的其他域控制器上。由于目录可以被复制，而且所有的域控制器都拥有目录的一个可写副本，因此用户和管理员可以在域的任何位置方便地获得所需的目录信息。通常，目录数据存储在域控制器上的Ntds.dit文件中。

1）活动目录。活动目录是微软Windows Server中负责架构中大型网络环境的集中式目录管理服务（Directory Services）。它处理了在组织中的网络对象，对象可以是用户、组群、计算机、域名控制站、邮件、设置文件、组织单位、树系等。只要是在活动目录结构定义文件（Schema）中定义的对象，就可以存储在活动目录数据文件中，并利用活动目录（Service Interface）来访问。活动目录包括两个方面：目录和与目录相关的服务。目录是存储各种对象的一个物理上的容器，从静态的角度来理解活动目录与以前所结识的“目录”和“文件夹”没有本质区别，就是实际存在的对象，或者说是实体；而目录服务是使目录中所有信息和资源发挥作用的服务。活动目录是一个分布式的目录服务，信息可以分散在多台不同的计算机上，保证用户能够快速访问，因为多台机上有相同的信息，不管用户从何处访问或信息处在何处，都对用户提供统一的视图。

2）域。域（Domain）是网络中对计算机和用户的一种逻辑分组，是出于管理而定义的对象集合，是活动目录的分区，定义了安全边界，在没经过授权的情况下，不允许其他域中的用户访问本域的资源。

3）域树。当需要配置一个包含多个域的网络时，应该将网络配置成域目录树结构。域树由多个域组成，这些域共享同一个表结构和配置，形成一个连续的名字空间。树中的域通过双向信任关系连接起来。域树中的域层次越深级别越低，一个“.”代表一个层次，如图2-1所示。

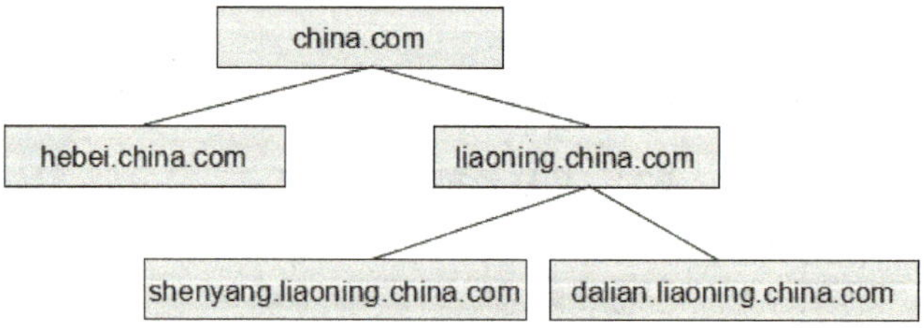

图2-1 域树实例

4）名称空间。名称空间是一种命名规则，通常用来定义网络资源的唯一名称。活动目录本质上就是一个名称空间，包含了很多对象，每个对象都有自己的名字。在这里，可以把它们的关系形象地理解成是一种解析关系。例如，通讯录可以形成一个名称空间，每个人的名字都可以被解析为对应的地址等信息。Windows的文件系统也可以形成一个名称空间，每个文件名都可以被解析为具体的某个文件。

5）活动目录（Active Directory）主要提供以下功能。

① 基础网络服务：包括DNS、WINS、DHCP、证书服务等。

② 服务器及客户端计算机管理：管理服务器及客户端计算机账户，所有服务器及客户端计算机加入域管理并实施组策略。

③ 用户服务：管理用户域账户、用户信息、企业通讯录（与电子邮件系统集成）、用户组管理、用户身份认证、用户授权管理等，按省实施组管理策略。

④ 资源管理：管理打印机、文件共享服务等网络资源。

⑤ 桌面配置：系统管理员可以集中配置各种桌面配置策略，如用户使用域中资源权限限制、界面功能的限制、应用程序执行特征限制、网络连接限制、安全配置限制等。

⑥ 应用系统支撑：支持财务、人事、电子邮件、企业信息门户、办公自动化、补丁管理、防病毒系统等各种应用系统。

任务实施　在Windows Server 2012上安装活动目录域服务

在活动目录中，目录存储只有一种形式。域控制器包括了完整的域目录的信息。每一个域中必须有一个域控制器，否则域也就不存在了。域控制器的管理是管理员最重要的工作。域控制器的运行状态直接关系到网络的正常运行。

在Windows Server 2012上安装活动目录域服务的步骤如下：

1）设置指定AD角色服务器的IP地址和DNS服务器地址，因为是安装活动目录，所以二者要一致。

2）单击“服务器管理器”，弹出如图2-2所示的界面。

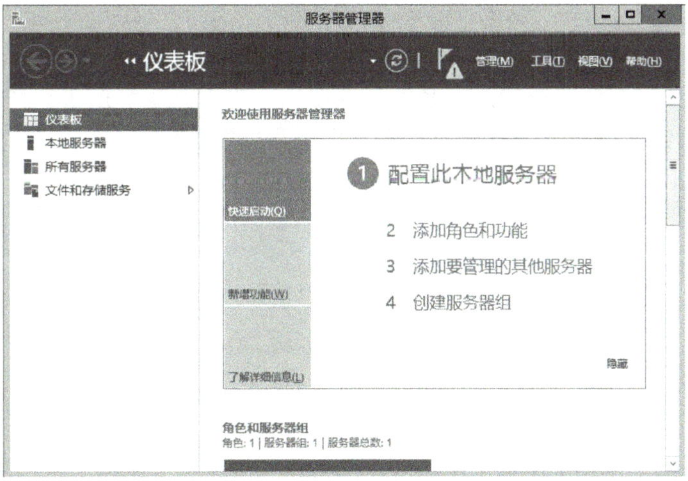

图2-2　服务器管理器界面

3）单击“添加角色和功能”按钮。

4）进入“添加角色和功能向导”界面，单击“下一步”按钮。

5）选择“基于角色或基于功能的安装”，单击“下一步”按钮，如图2-3所示。

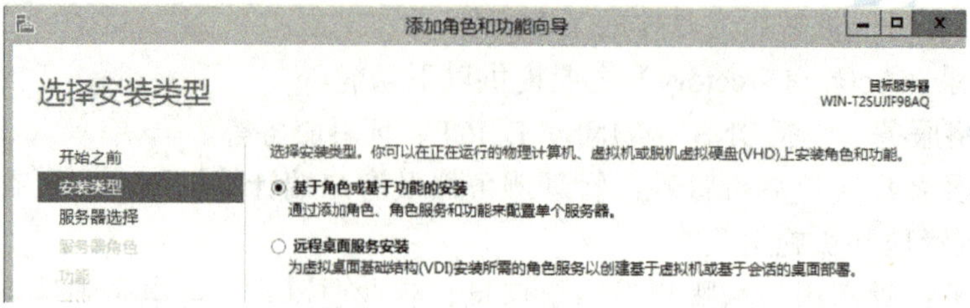

图2-3　选择安装类型界面

6）服务器选择默认，如果同时有多个服务器可供选择，则选择所需要的服务器，单击“下一步”按钮。

7）勾选“Active Directory域服务”（见图2-4），弹出对话框时单击“添加功能”即可，然后单击“下一步”按钮。

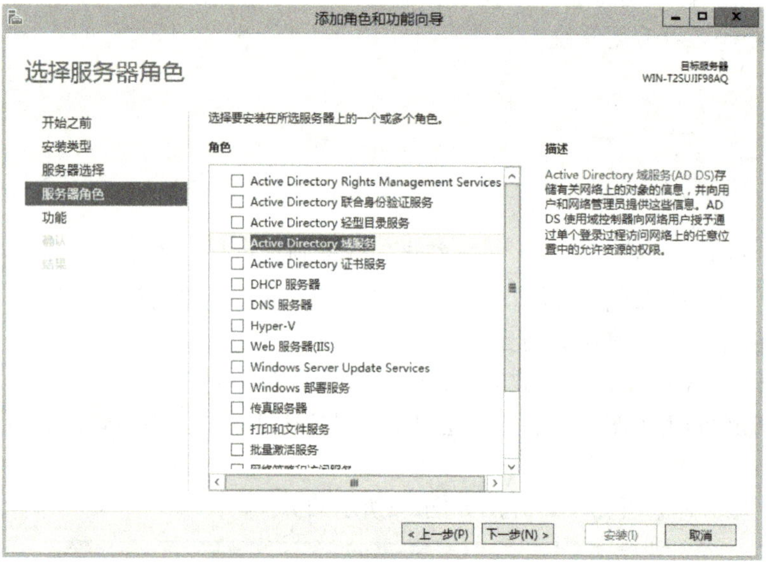

图2-4　选择服务器角色界面

8）选择和确认需要在服务器上安装的功能，单击“下一步”按钮。

9）阅读AD角色的功能及注意事项，单击“下一步”按钮。

10）勾选“如果需要，自动重新启动目标服务器”按钮，单击“安装”按钮，如图2-5所示。

11）安装完成，单击“关闭”按钮。

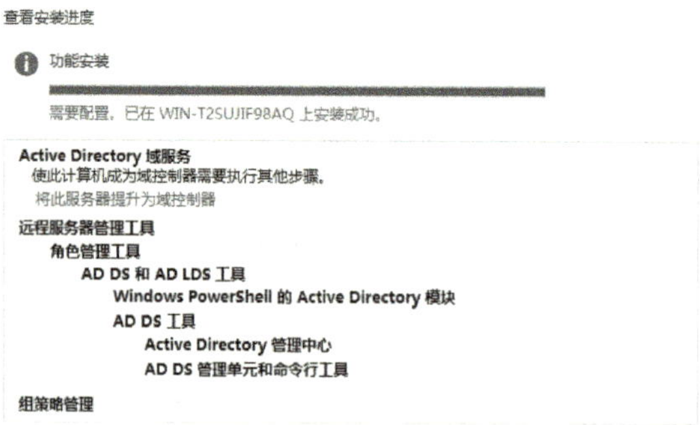

图2-5　服务器安装完成

12）单击服务器管理器右上角的通知栏，并单击“将此服务器提升为域控制器”，如图2-6所示。

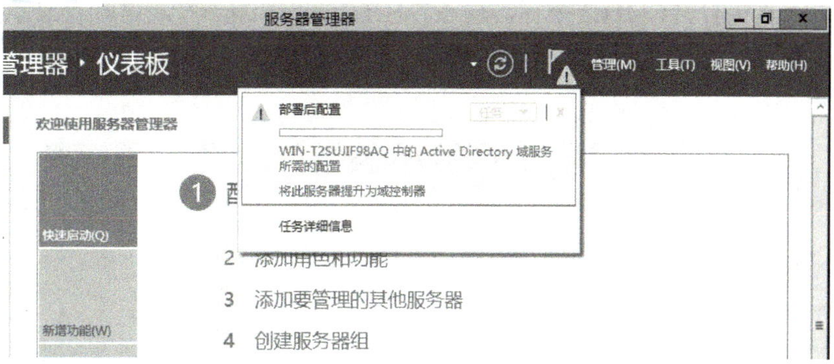

图2-6 将服务器提升为域控制器

13）选中“将新域添加到现有林”或“添加新林”单选按钮，如图2-7所示，并确定域的信息，单击“下一步”按钮。

图2-7 确认域控制器的位置和信息

知识拓展

域的相关知识：

如果网络的规模很大，甚至包含了多个域目录树，那么这时一个或多个域目录树的集合就形成了域目录林。域林中的所有域树共享同一个表结构、配置和全局目录。

为了解决用户跨域访问资源的问题，可以在域之间引入“信任”。域的信任关系包括单向信任、双向信任、可传递信任、不可传递信任、信任协议。

14）确认制定域控制器的功能和站点信息，并设置DSRM密码，单击“下一步”按钮，如图2-8所示。

15）确认NetBios域名，指定AD DS数据库、日志和SYSVOL的存储位置，并查看配置的详细信息，单击“安装”按钮直到显示安装完成。

验证安装：直接打开CMD命令行，输入“Net query fsmo”，这时会显示角色都已经安装成功。若要进一步验证AD是否安装正确，可以使用DCDIAG/a命令行验证是否安装成功，如图2-9所示。

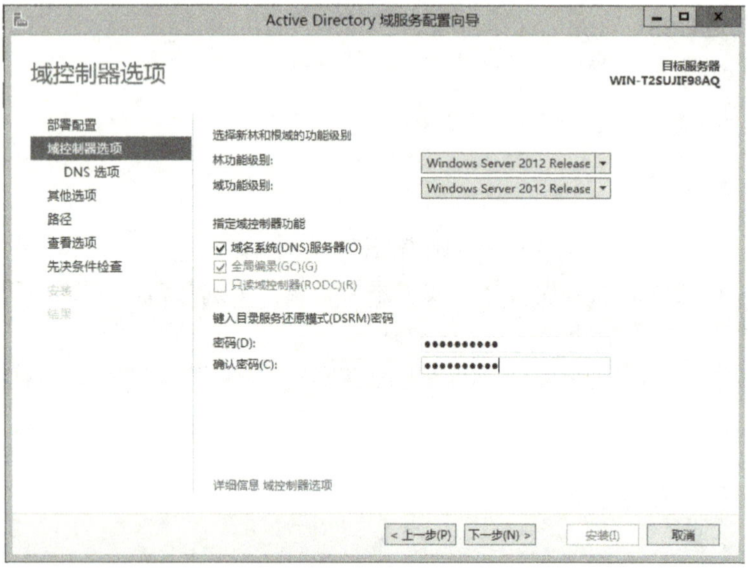

图2-8　设置域控制器选项

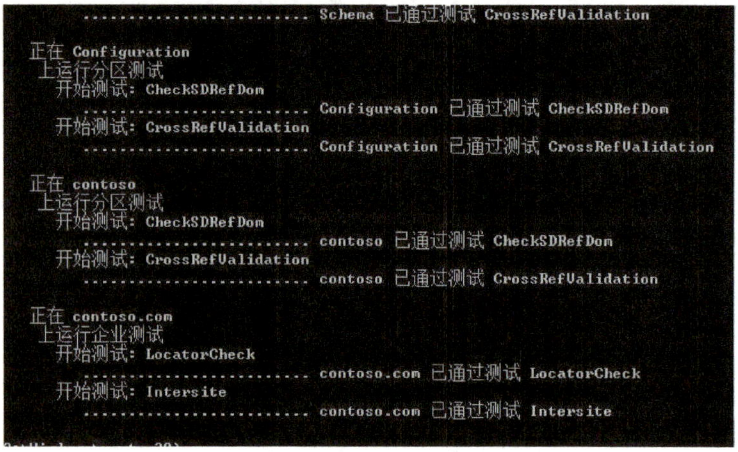

图2-9　在命令行环境下验证AD安装是否成功

域控制器在网络中的位置十分重要，在使用的过程中需要注意表2-2中的问题。

表2-2　使用域控制器的注意事项

禁止在域控制器任意安装软件	域控制器在域构架网络中的作用十分重要，建议不要在域控制器中安装应用软件（如Microsoft Office 系列应用程序等），娱乐性质的应用一定不要安装。建议在域控制器中仅安装AD DS域服务以及DNS服务，其他基础服务（WINS、DHCP、CA等）不要安装在域控制器中

（续）

禁止随意添加/删除域控制器	域控制器不同于成员服务器，当部署多台域控制器后，域控制器之间活动目录数据库复制时刻都在进行，若随意删除域控制器且没有进行源数据清理，会造成Active Directory出错，尤其是复制方面的错误。因此，不要在工作环境中随意添加/删除域控制器
禁止FSMO角色的任意分配	当域控制器出现服务器正常维护，原来FSMO角色所在的域控制器由于硬件或其他原因导致无法联机等情况，可能需要对FSMO角色进行转移。管理员可能认为，只要原来FSMO角色所在的域控制器离线，就一定要把FSMO角色转移到其他的域控制器上，能传送就传送，不能传送就夺取
备份域控制器	部署域控制器后，管理员可能会对服务器使用Ghost之类的备份软件进行备份，以防止出现故障时恢复使用。当使用Ghost恢复时，可能把过时信息复制给其他域控制器，可能已经删除的账号又被激活，组策略还原后出现莫名其妙的问题等。因此，使用Ghost之类的软件备份/还原域控制器的做法不可取。如果担心域控制器出现问题，则可以在网络中多部署几台域控制器，防止域控制器离线造成的影响

技能提示

域控制器安装完之后，有时因工作要求要对域控制器进行重新定义或直接卸载。进入“删除角色和功能向导”，在“服务器角色”界面，取消勾选Active Directory域服务，依次按照操作进行卸载，在卸载过程中会出现错误提示，如图2-10所示。

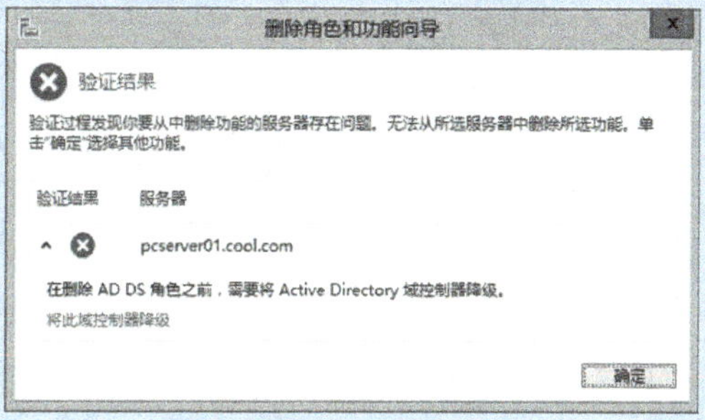

图2-10　卸载中的错误提示

出现这种情况主要是因为在删除AD域服务之前，必须首先将“此域控制器降级”，然后进入AD域服务配置向导，根据提示对域控制器进行降级操作，如图2-11所示。

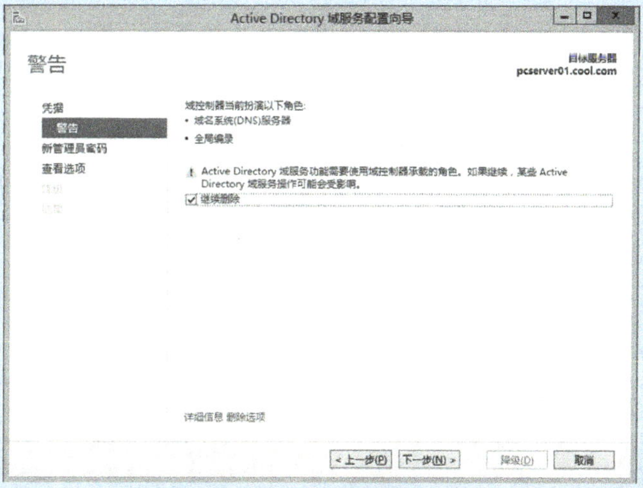

图2-11　域控制器降级配置向导

任务2 从客户机登录域

任务背景与分析

1. 客户需求

通过前面的操作，已经完成了域控制器的安装，但是学校大部分老师计算机操作水平都很低，如何有效地使用域控制器，合理的利用教育教学资源成为了一个难题。下面是两人的对话片段：

客　户：域控制器的功能的确很强大，但我们学校大部分老师使用计算机的水平有限，他们能很好地去适应这种管理模式吗？

工程师：这一点可以放心，域控制器虽然操作管理端时会有一点点难度，但是对于用户的使用是非常简单的。平时用户访问互联网、浏览和下载各种资源时，也并不需要对域控制器掌握太多。

客　户：那接下来应该如何实施呢？

工程师：只要教会各位老师，让其客户机登录到域中，就可以方便进行下一步的管理和操作。

2. 任务分析

使用客户机登录域是一个很简单的操作，主要是设置有关域服务器的信息和用户名等。

工作流程：确认用户需求与功能分析→填写安装工单→设置客户机IP地址和DNS→将客户机加入域→完成基本配置。

3. 任务工单

根据王主任的要求，小温根据实际情况填写了任务工单，确认当时技术负责人员及参数信息，便于日后维护，见表2-3。

表2-3　迈联公司工程任务工单

客户名称：××学校网络中心　　　　任务单号：P2014060202

现场地点	××学校网络中心机房	日期	2014年12月2日
客户要求	1）设置各部门PC的IP地址，地址为172.16.188.1～172.16.188.100 2）让员工学会如何将自己的办公计算机加入域 3）通过后台对加入域的情况进行统计，个别无法自己操作的要给予一定程度的帮助		
现场环境及参数	教师办公计算机（Windows XP，Windows 7环境）		
联系方式	联系人：王主任　　联系电话：133××000001	工时	2

4. 核心能力点

域控制器的功能：

当域中的计算机联入网络时，域控制器首先要鉴别这台计算机是否是属于这个域的，用户使用的登录账号是否存在、密码是否正确。如果以上信息有一样不正确，那么域控制器就会拒绝这个用户从这台计算机登录。不能登录，用户就不能访问服务器上有权限保护的资源，他只能以对等网用户的方式访问Windows共享出来的资源，这样就在一定程度上保护了网络上的资源。

客户机加入域的好处：

1）权限管理集中、管理成本下降。

2）安全性能加强、权限更加分明。

3）账户漫游和文件夹重定向。

4）方便用户使用各种共享资源。

5）灵活的查询机制。

6）扩展性能较好。

任务实施　Windows客户机添加到域

下面介绍如何将Windows客户机添加到域，接受域控制器的集中管理，具体步骤如下：

1）设置需要加入的客户机的TCP/IP属性（需要手动设置），将IP设置在一个网段，主要配置DNS，需要指向内网的DNS服务器，也就是安装域控制器时选择的DNS，如图2-12所示。因为这里域控制器和DNS在一台服务器上，所以这里直接指向域控制器的IP。

2）用鼠标右键单击“我的电脑”，在弹出的快捷菜单中单击“属性”，在“计算机名称、域和工作组设置”项单击“更改设置”，如图2-13所示。

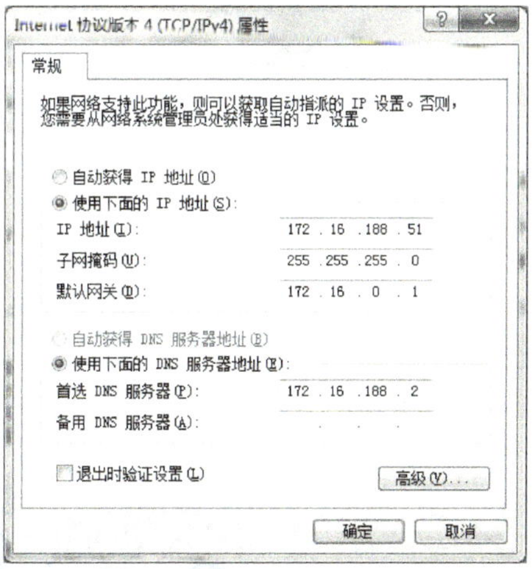

图2-12　客户机IP地址的设置

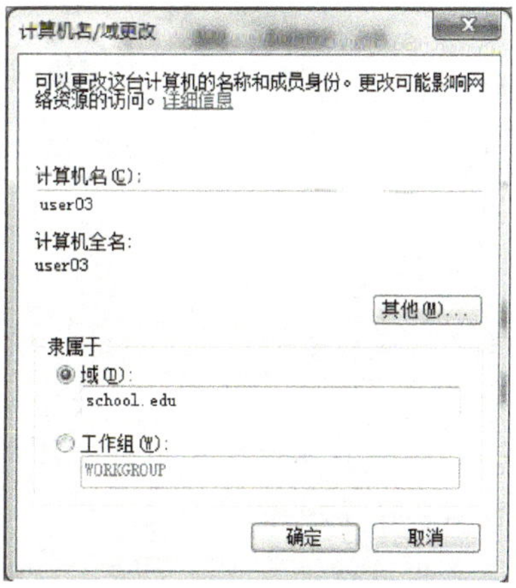

图2-13　将用户机加入域

3）选中“域”单选按钮，并填写所要加入的域：school.edu。

4）单击“确定”按钮，客户机将通过DNS服务器查询是否有域名为“school.edu”的域控制器存在，解析成功后出现“计算机名更改”对话框。需要在对话框中输入域账号名称和密码进行登录，如图2-14所示。

5）在域控制器核实用户权限有效、客户机的设置得到认可后，显示计算机user03成功加入到域，如图2-15所示。

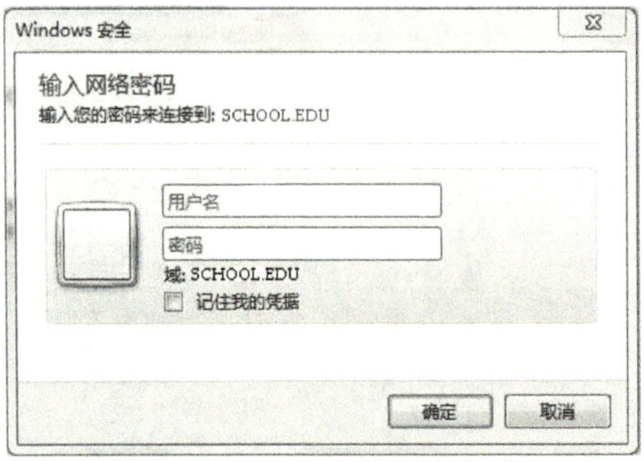

图2-14　域账号名称和密码输入对话框

图2-15　成功加入域

6）客户机登录到域。重新启动计算机user03，进入系统登录对话框，选择登录到域school（即域school.edu的域NetBIOS名称），输入有效的用户名及密码，成功完成登录。客户机要访问网络的资源，只要在“网上邻居”中查找“域”下各种服务器或者客户机提供的共享资源即可。域中的客户机共享资源，如图2-16所示。

图2-16　域中的客户机共享资源

技能提示

当客户机成功添加到域中后，管理员可以集中管理这些客户机。

在“管理工具”中的“Active Directory用户和计算机”的菜单中可以进行禁用账户、重设账户、移动该管理项到左边窗口下的不同的位置、对客户机进行远程管理、配置客户机的属性等操作。

在菜单中选择“管理”选项，弹出“计算机管理”对话框，可以对客户机进行综合管理，如图2-17所示。

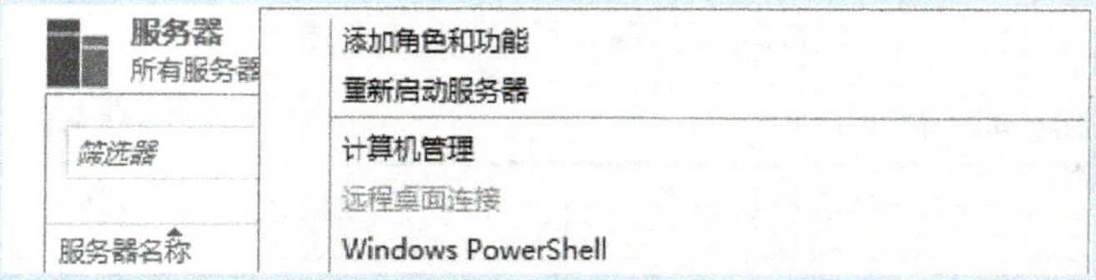

图2-17　计算机管理选项

任务3　管理用户账号

任务背景与分析

1．客户需求

现在通过活动目录的模式对校园网资源进行管理，网络中可访问的资源已经通过域控制器进行了统一部署，但是由于学校各职能部门的用户权限不应该是一样的，对网络的访问时间和地点要求也不同，从管理的角度出发，管理员需要有针对性地为不同用户提供不同的访问范围和安全等级，那么应该如何操作呢？下面是两人的对话片段：

客　户：现在把所有办公计算机都划分到了一个域中，确实可以进行统一管理，但如何来赋予他们不用的权限呢？活动目录可以做到吗？

工程师：活动目录不仅可以将用户统一起来，还可以根据实际情况赋予不同的访问范围和安全等级，特别是财务这种比较敏感的部门。

客　户：那接下来应该如何实施？还是需要到每台办公计算机上去设置吗？

工程师：不必那么麻烦，既然全校的计算机都已经加入了域，下一步只需要通过域控制器对用户账号进行管理就可以了。

2．任务分析

要解决上述问题，应该根据实际情况，通过域控制器授予不同用户不同的权限，让管理工作更加简单化，根据校方提供的不同职能部门的权限范围进行操作。

工作流程：确认用户需求与功能分析→填写安装工单→创建用户账号→设置用户密码→赋予权限。

3．任务工单

根据王主任的要求，工程师小温填写了任务工单，确认当时技术负责人员及参数信息，便于日后维护，见表2-4。

表2-4　迈联公司工程任务工单

客户名称：××学校网络中心　　　　　　　　　　任务单号：P2014060203

现场地点	××学校网络中心机房	日期	2014年12月3日
客户要求	1）按各部门人员配置创建用户（配置用户密码，初始密码统一为12345，并要求第一次登录时进行修改） 2）根据不同部门人员所负责的工作，给用户设置相应的权限和登录时间		
现场环境及参数	3台Windows Server 2012服务器		
联系方式	联系人：王主任　　联系电话：133××000001	工时	8

4. 核心能力点

用户账号是计算机的基本安全组件。计算机通过用户账号辨别用户身份，让有使用权限的人登录计算机，访问本地计算机资源或从网络访问这台计算机的共享资源。指派不同用户不同的权限，可以让用户执行不同的计算机管理任务。

任务实施　管理用户账号

创建用户账户的步骤如下：

1）以管理员用户账户“Administrator”登录进入服务器，在“服务器管理器”界面中用鼠标右键单击所选择的服务器。单击“Active Directory用户和计算机”，如图2-18所示。

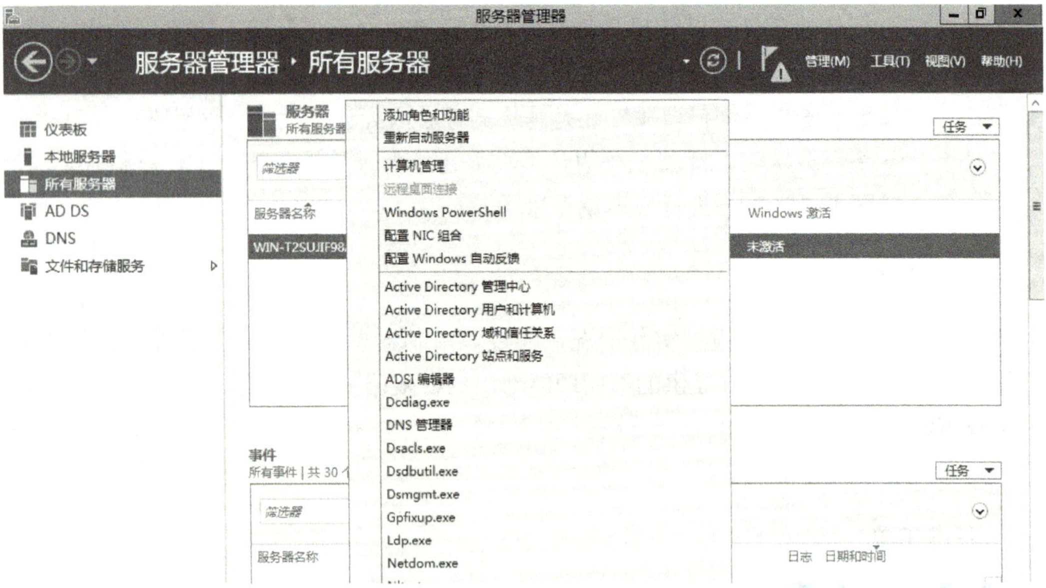

图2-18　“服务器管理器”界面

2）在“Active Directory用户和计算机”列表下选择域“school.edu”。其中的“Users”保存着域中的用户组和用户名。展开“Users”，用鼠标右键单击右侧的区域，或者直接在“Users”上单击鼠标右键，在弹出的快捷菜单中单击“新建”命令，创建新用户，如图2-19所示。

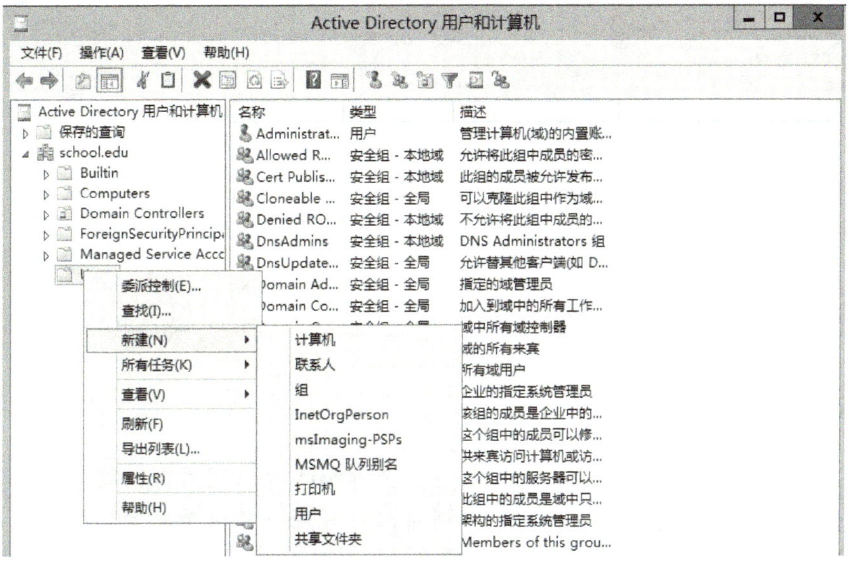

图2-19 创建新用户

3）在“新建”的下级菜单中选择“用户”，弹出“新建对象-用户”对话框。在对话框中输入将要创建用户的基本信息如图2-20所示。在“姓名”文本框中输入将要创建的用户名，如“User01”，在“用户登录名”文本框中输入“User01”。

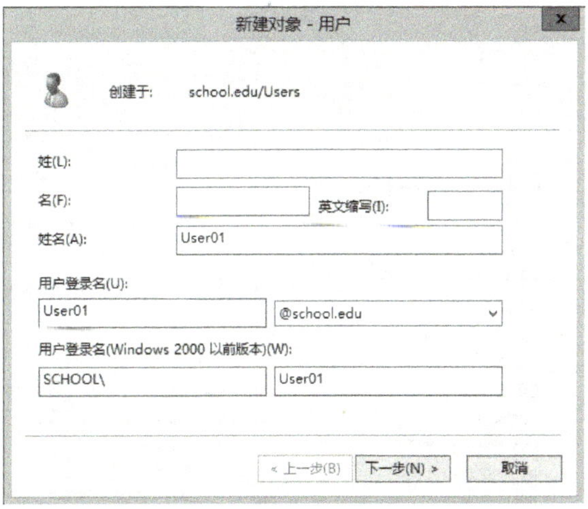

图2-20 “新建”对象-用户界面

4）单击“下一步”按钮，弹出设置密码与用户属性对话框。在“密码”和“确认密码”文本框中输入新创建的用户密码（密码应由大小写字母、字符及数字组成，如Class_02）。根据实际情况设置用户的密码登录属性为“密码永不过期”，如图2-21所示。单击“下一步”按钮，完成用户创建，如图2-22所示。

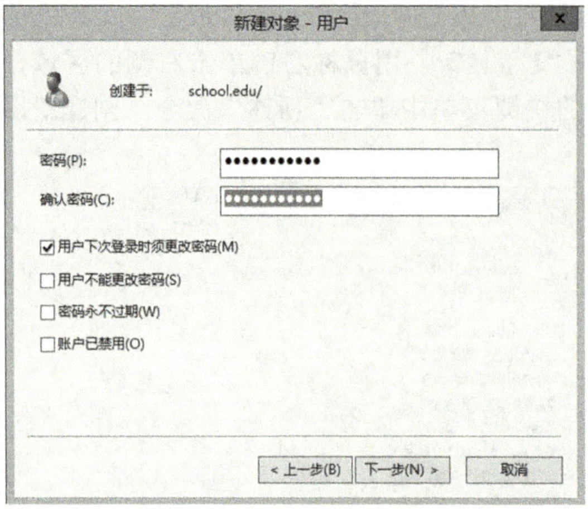

图2-21　设置密码和用户属性

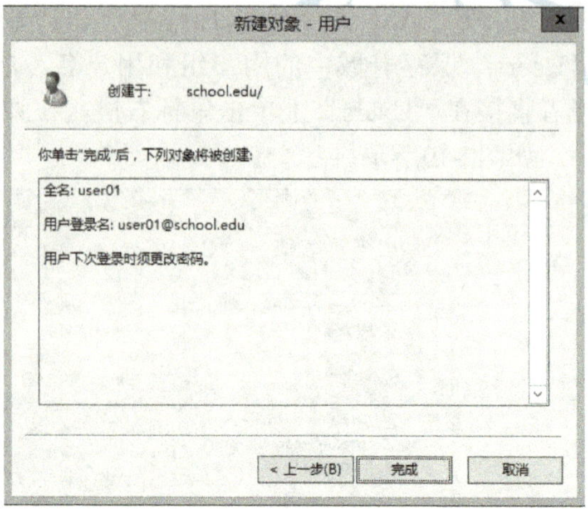

图2-22　完成用户创建

知识拓展

域用户账户除了具有"本地用户账户"的全部属性外，还具有一些其他属性，如用户的地址信息、电话信息、单位信息等。还可以设置用户的登录时间、登录到的计算机等信息。管理员可以通过域控制器进行管理。

默认的情况下，创建的用户可以在任意时间登录到网络上。为了管理的需要，也可以设置用户能登录到网络上的时间，使其只能在指定的时间内使用计算机。设置登录时间的步骤如下：

1）用鼠标右键单击用户User01，单击"属性"选项（见图2-23），进入用户属性对话框，如图2-24所示。

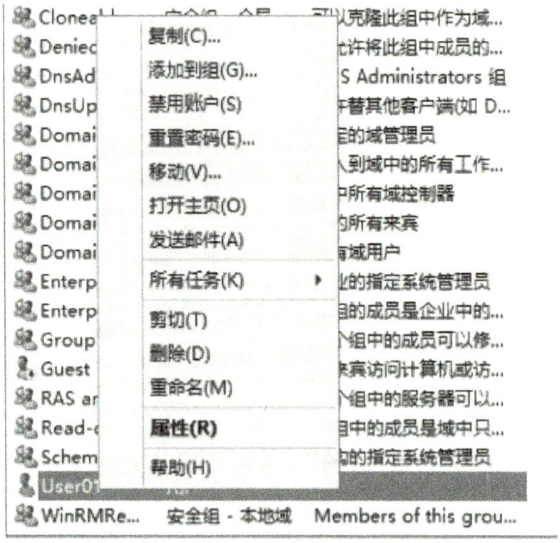

图2-23　在列表中选中用户

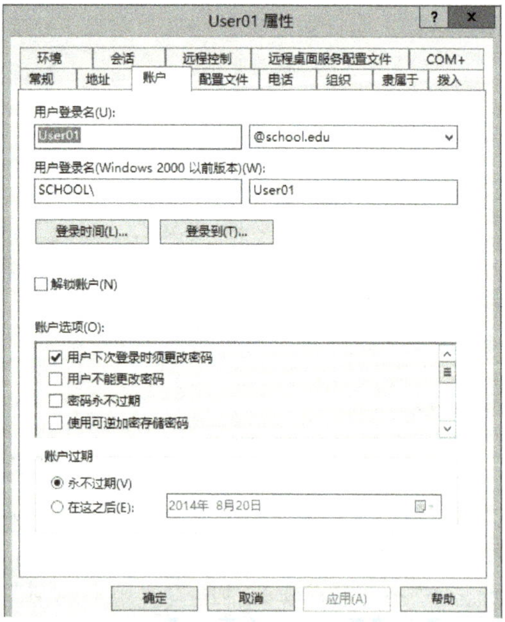

图2-24　用户属性对话框

2）单击“账户”选项卡，单击“登录时间”按钮，弹出登录时间设置对话框，如图2-25所示。系统默认允许用户在任何时间登录。可以设置的登录时间是按星期一到星期日、每天24小时、每小时一个设置单位来划分的，用鼠标选取时间单位，选中“允许登录”或“拒绝登录”单选按钮来设置登录时间。

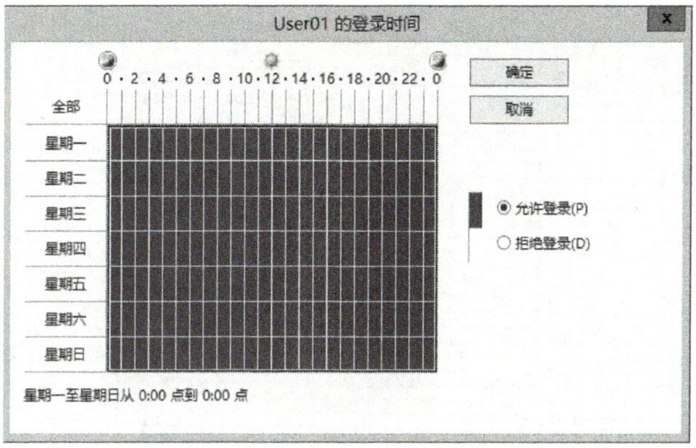

图2-25　用户登录时间设置界面

如图2-26所示，用户User01被允许在每星期一至星期五的8:00到18:00登录，其他时间被拒绝登录。

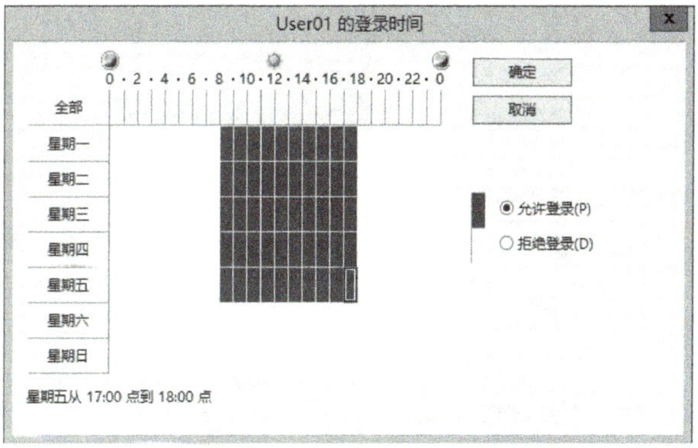

图2-26　修改用户登录时间权限

可以通过设置合理的用户账号登录时间这种方法来最大限度地提高网络利用率，减少资源浪费。

在默认情况下，创建的用户可以登录到网络中的任何计算机上。为了管理或者其他的需要，也可以设置用户只能登录到指定的计算机上。设置登录到指定计算机的步骤如下：

1）在用户属性对话框中单击“登录到”按钮，弹出“登录工作站”对话框，默认用户“User01”可以登录到“所有计算机”，如图2-27所示。

2）选中“下列计算机”单选按钮，然后在“计算机名”文本框中输入该用户可以登录的计算机，如User03，然后单击“添加”按钮添加到列表中，如图2-28所示。可以在列表中添加多台计算机。

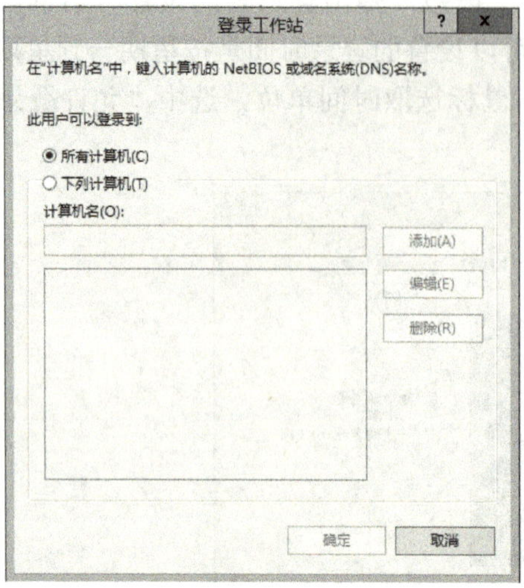

图2-27 “登录工作站”对话框

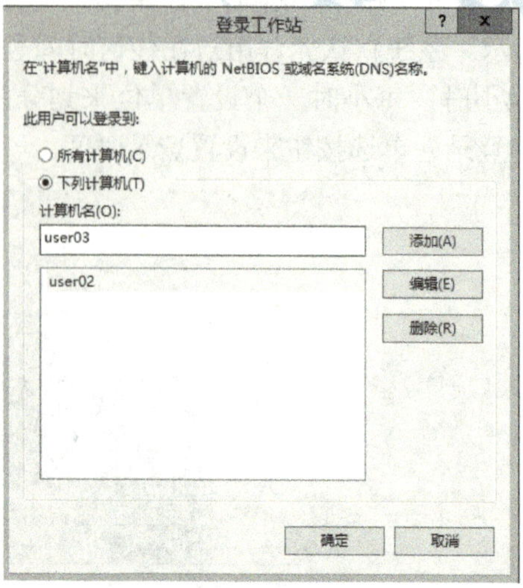

图2-28 设置指定用户登录

技能提示

在“Active Directory用户和计算机”管理窗口中，还可以对用户账户和组进行其他相关设置和管理。用鼠标右键单用户User01，弹出如图2-29所示的菜单，这里包括了管理员可以对User01实施的相关操作。

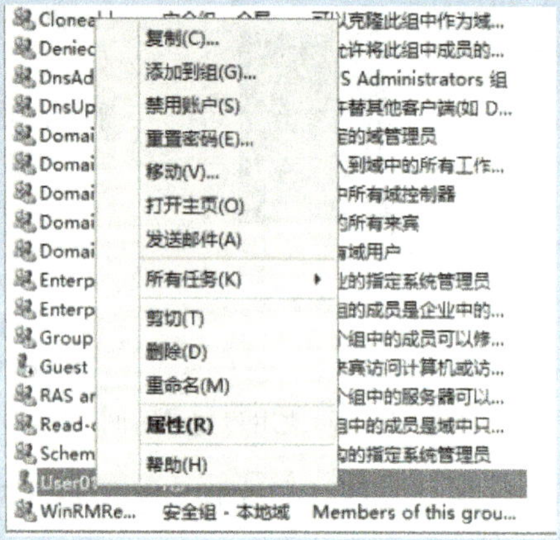

图2-29 对域用户的操作

1）将用户添加到组。

为了方便管理，可以将具有相同权限或访问需求的用户归并到一个组里，单击“添加到组”命令，可以将用户添加到其他用户组中。

2）禁用账户。

“禁用账户”命令一般用于临时限制某些用户访问网络。

3）移动。

单击“移动”命令，将会把用户移动到另一个组织单位（OU）中。

4）复制。

如果单击“复制”命令，系统将会按照选定的用户的属性（即其所属的用户组）创建一个与其相同的用户。注意，此时所复制的用户User02与原用户User01具有相同的权限和组。

5）删除。

单击“删除”命令，可以删除所选的用户，但是用户的权限也随之全部取消，即使重新创建相同的账号，也不能获得原来账号的权限。

6）重命名。

单击“重命名”命令，可以更改用户的名称。

任务4　管理组账号

任务背景与分析

1．客户需求

因学校里老师比较多，很多老师隶属于同一部门，所获得的相应权限和安全级别也都相同，如果分别对每一个用户账号逐一进行权限设置会增加管理的工作量，校方希望工程师帮助解决这一问题。下面是两人的对话片段：

客　户：我校每个老师的账号都已经建立完成，接下来是根据实际情况对每个账号设置权限吗？感觉这样会产生很多重复性的工作。

工程师：针对这种情况，可以将相同权限的用户添加到组中，再通过对组账号的管理来管理组内所有用户。

客　户：不会很麻烦吧，应该怎么做？

工程师：不麻烦，首先需要做的就是创建组账号，再把用户划分到不同的组即可。

2．任务分析

Windows Server 2012系统拥有针对用户进行分组的功能。工程师可以创建并管理组账户，通过添加组账户，将用户添加到用户组，通过设置用户组的权限来管理用户组中的用户。组中的用户可以自动继承分配给组的权限，建立组账户是非常有效的管理手段。

工作流程：确认用户需求与功能分析→填写安装工单→创建用户组→添加组账户→设置组账户权限。

3．任务工单

根据王主任的要求，工程师小温填写了任务工单，确认了组的个数以及成员情况，便于日后维护，见表2-5。

表2-5　迈联公司工程任务工单

客户名称：××学校网络中心　　　　　　　　　　　　　　任务单号：P2014060304

现场地点	××学校网络中心机房	日期	2014年12月4日
客户要求	1）新建用户组，用户组名设为Group01、Group02… 2）将相应用户添加到同一组中 3）设置不同组的组账户权限，如财务、办公室等部门		
现场环境及参数	3台Windows server2012服务器		
联系方式	联系人：王主任　　联系电话：133××000001	工时	8

4. 核心能力点

用户组：在整个网络中，各个访问网络的用户的权限可能是不相同的，可以将具有相同权限的用户划为一组，这样可以减少网络管理员的负担，方便批量管理。

任务实施　用户组的建立与管理

在把域用户账户加入到域用户组之前，首先要创建域用户组，步骤如下：

1）在“Active Directory用户与计算机”中，用鼠标右键单击“Users”，在弹出的快捷菜单中选择“新建”→“组”。

2）弹出如图2-30所示的“新建对象-组”对话框，在“组名”文本框中输入新用户组的组名称“Group01”，选中“全局”和“安全组”单选按钮，单击“确定”按钮完成创建组。

图2-30　“新建对象-组”对话框

创建好新的域用户组后，开始在其中添加组账户，其步骤如下：

1）在“Active Directory用户和计算机”中用鼠标右键单击“Group01”，在弹出的快捷菜单中选择“属性”，如图2-31所示。单击“成员”中的“添加”按钮，开始添加组账户，如图2-32所示。

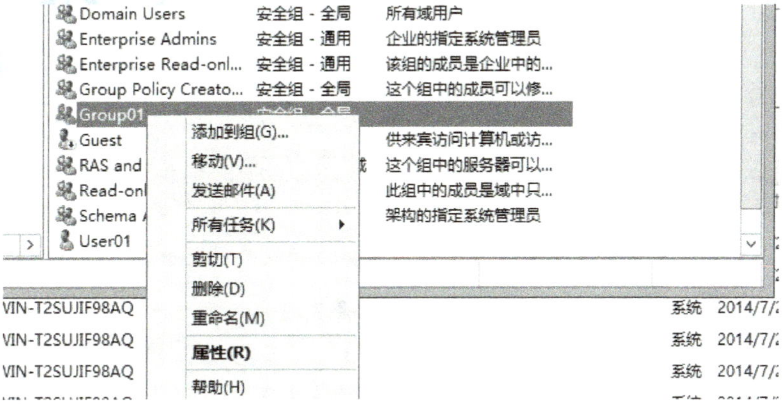

图2-31　添加组账户

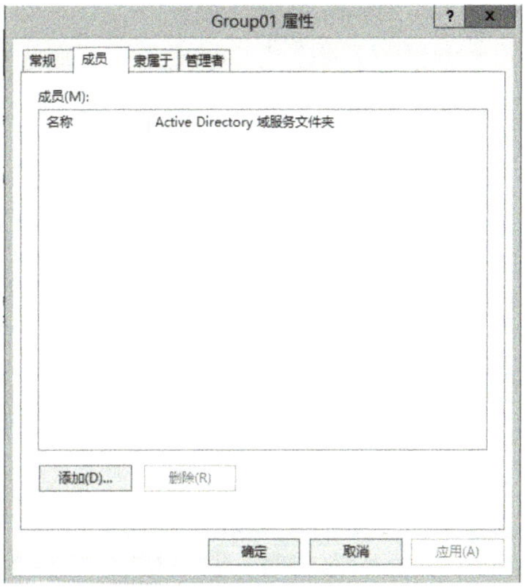

图2-32　组属性界面

2）在弹出的如图2-33所示的“选择用户、联系人、计算机、服务账户或组”对话框中单击“对象类型”按钮，可以选择添加对象的类型。确定了对象类型后，在“输入对象名称来选择”文本框中输入想要添加的账户名称User01，单击“检查名称”按钮。

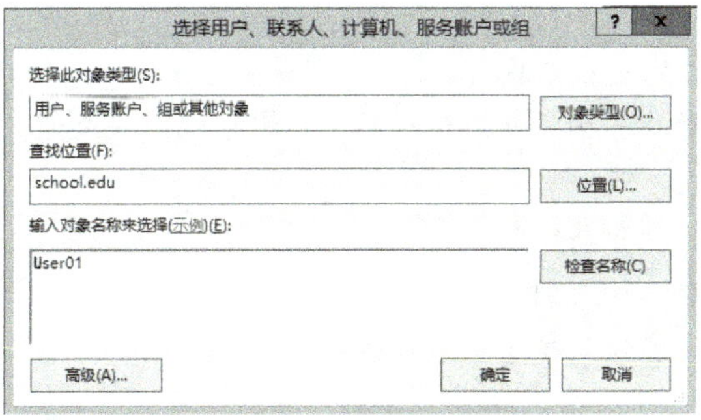

图2-33　设置组账户

3）系统确认无误后，弹出账户User01的全名信息，如图2-34所示。单击“确定”按钮后回到“成员”列表，成员User01成功添加进组Group01，如图2-35所示。

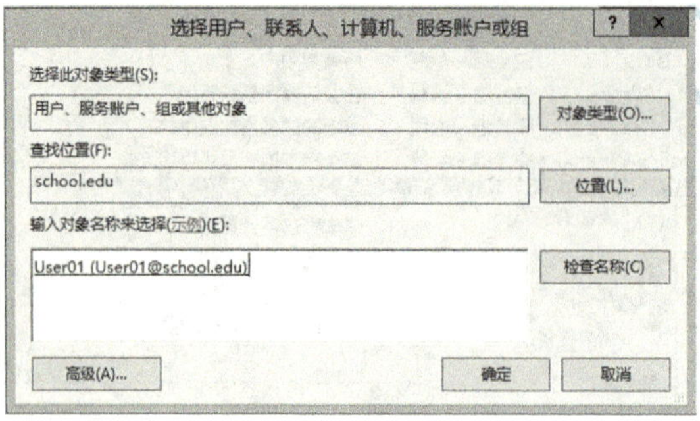

图2-34　检查名称完成

图2-35　添加成员完成

知识拓展

组规划原则：

1）相同部门的人在同一个组内 。

2）将对于某个资源具有相同使用权限的人员规划在同一个组。

组管理原则：

1）先将用户加入到“全局组”。

2）再将该“全局组”加入到“本地域组”。

3）最后为该“本地域组”赋予适当的权限。

管理域用户组账户，如给Group01组账户Gser01设置权限，步骤如下：

1）在组“Group01”的属性对话框中单击“安全”选项卡，显示组内已经分配权限的成员，如图2-36所示。

2）选择“高级”选项，弹出如图2-37所示的“Group01的高级安全设置”对话框。单击“添加”按钮重复与添加组账户相同的步骤，把账户User01添加进来。

3）在列表中选择“User01”，并单击“编辑”按钮，在如图2-38所示的“Group01的权限项目”窗口中设置“User01”的权限。在“应用于”下拉列表中可以选择“User01”的权限所应用到的范围。设置后单击“确定”按钮。

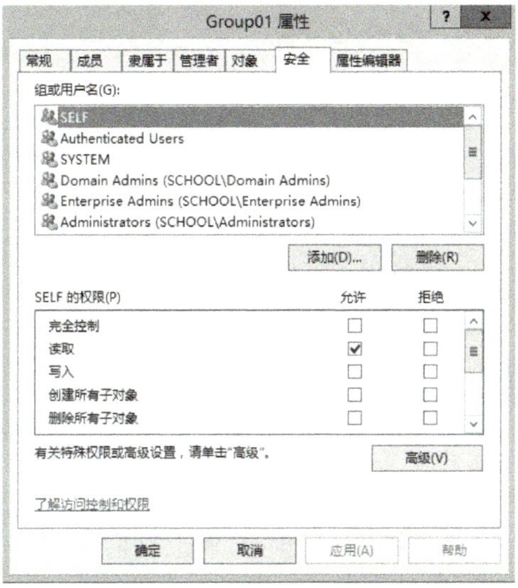

图2-36　组属性界面

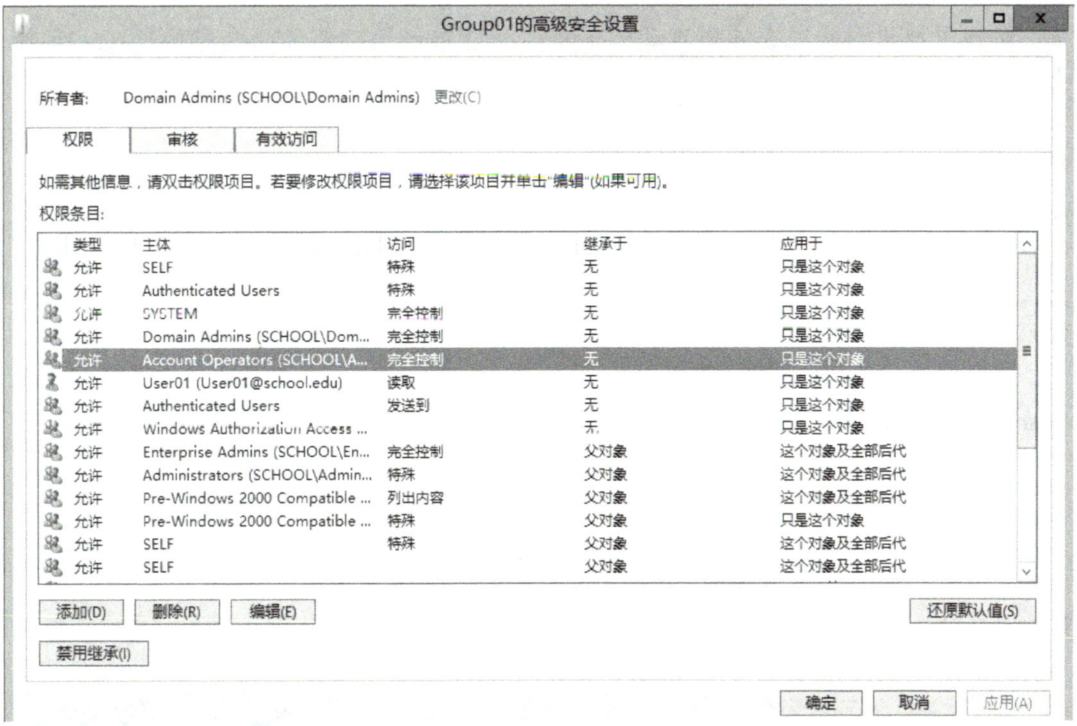

图2-37　权限设置

图2-38　组权限项目窗口

知识拓展

组作用域用来确定在域树或者林中该组的作用范围。作用域通常包括以下三种类型：

1）全局组。全局组主要是用来组织用户的。全局组内可以包含同一个域的用户账户与全局组，可以访问任何一个域内的资源。

2）本地域组。本地域组的成员可以是同一个域的本地域组，也可以是任何域内的账户、全局组和通用组，它们能访问的资源只是该本地域组所在域的资源。

3）通用组。通用组可以访问任何一个域内的资源，通用组可以包含所有域内的用户账户、全局组和通用组。

组类型包括通信组和安全组。可以使用通信组创建电子邮件通信组列表，使用安全组给共享资源指派权限。

技能提示

用户和组建立隶属关系后，也可以解除。例如，将用户组“Group01”内的用户User01移除，只需切换回组属性的“成员”对话框，选择“User01”，单击“删除”按钮即可。

组建立后，也可以删除。例如，删除用户组“Group01”可直接在“Active Directory用户和计算机”管理窗口中用鼠标右键单击“Group01”，选择“删除”。

任务5　管理组织单位（OU）

任务背景与分析

1. 客户需求

为了更好地管理服务器内的成员，还需要管理员对域控制器所管辖的对象进行二次分类。例如，学校的网络服务器需要把各部门中层领导的计算机账户进行统一管理，并不干扰其账户在各部门用户组的使用，工程师必须在用户和组的基础上找出其他管理形式来满足管理需求。下面是两人的对话片段：

客　户：Windows Server 2012确实很方便，我认为对账户和组的管理能够满足大部分的管理需求，但是一些特殊情况应怎样处理？例如，要给我们学校的中层干部更多的权限，有可能除了本部门之外还需要他们分管其他事务，这样的情况怎么解决？

工程师：别担心，您提出的这种情况可以通过规划添加组织单位来完成。它可以将自己域内的用户、组、计算机和其他组织单位放入其中，但不容纳其他域的对象，管理员可以创建组织单位对域内的对象进行分类。

客　户：哦，具体怎样操作呀？

工程师：首先从建立组织单位开始。

2. 任务分析

此类问题在域控制器上可以通过规划添加组织单位来完成。管理员可以创建组织单位对域内的对象进行分类，这样就可以根据组织的模型管理账户和配置资源。为了管理方便，需要创建一个或多个组织单位。

工作流程：确认用户需求与功能分析→填写安装工单→规划组织单位容纳的对象→新建组织单位→创建子组织单位。

3. 任务工单

根据王主任的要求，工程师小温填写任务工单，确定了组织单元的名称以及参数信息，见表2-6。

表2-6　迈联公司工程任务工单

客户名称：××学校网络中心　　　　　　任务单号：P2014060205

现场地点	××学校网络中心机房	日期	2014年12月5日
客户要求	1）规划组织单位容纳的对象 2）新建组织单位，命名部门名称+相应编号，如class1401		
现场环境及参数	3台Windows Server 2012服务器		
联系方式	联系人：王主任　　联系电话：133××000001	工时	8

4. 核心能力点

组织单位（OU）也称组织单元，是容器的一种。它是Windows Server的一类对象，可以用它来容纳活动目录中的其他对象。组织单位中可以包含其他组织单位，这样管理员可以根据需要来扩展容器层次而不需要建立新域。组织单位是可以指派组策略设置或委派管理权限的最小作用单位。使用组织单位可以将网络所需的域数量降到最低，用户可以拥有对域中所有组织单位或单个组织单位的管理权限。组织单位的管理员可以不具有域中任何其他组织单位的管理权限。

组织单位的规划方法如下：

1）依据部门职能划分OU。

2）依据管理方式划分的OU。

3）依据地理位置划分OU。

4）依据项目划分OU。

5）依据组合方式划分OU。

任务实施　组织单位的建立与管理

创建组织单位的步骤如下：

1）打开“Active Directory用户和计算机”管理窗口，选择当前域“school.edu”，单击鼠标右键，在弹出的快捷菜单中选择“新建”→“组织单位”，如图2-39所示。

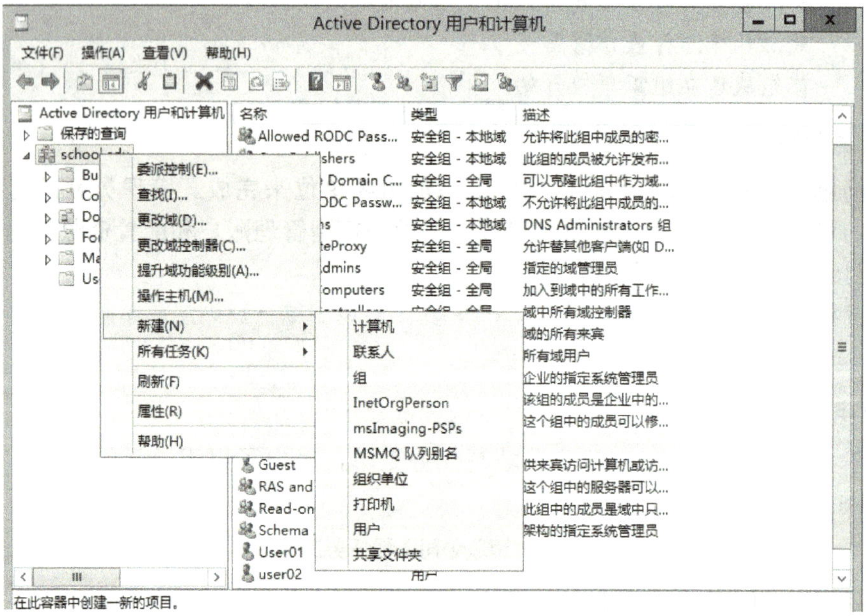

图2-39　创建组织单位

知识拓展

组织单位（OU）规划原则如下：

1）建立OU进行授权管理。

2）建立一个有逻辑性、有意义的OU结构。

3）建立OU来应用安全性原则。
4）建立OU来提供或限制用户对发布资源的可见度。
5）建立稳定的OU结构。
6）避免向同一OU分配过多的子对象。

2）弹出如图2-40所示的“新建对象-组织单位”对话框，在“名称”文本框中输入新建组织单位的名称：class1401。系统默认选中“防止容器被意外删除”复选框，单击“确定”按钮完成创建。

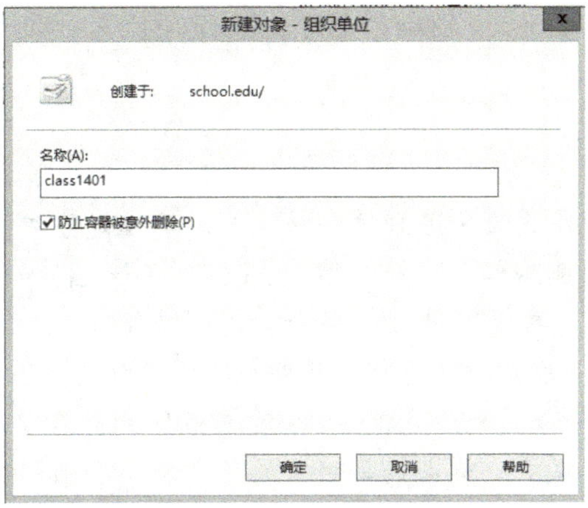

图2-40　设置组织单位名称

3）单击图2-41中的组织单位“class1401”，在弹出的快捷菜单中可以继续建立“class1401”的子组织单位。按照网络用户结构创建组织单位后，可以将以前创建的用户“移动”到其相应的组织单位中以利于管理。

如图2-42所示，已经创建了两个子组织单位：PC和user。PC用来放置域所管理的计算机，user用来放置域所管理的域用户账户。

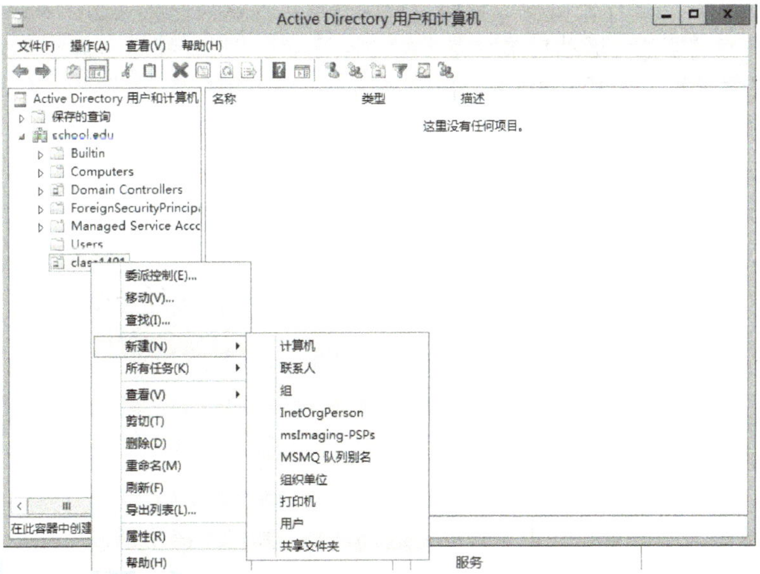

图2-41　继续创建子组织单位

图2-42　创建好的组织单位

知识拓展

在进行AD设置时，为了数据的安全都设有保护，一些编辑命令会显示权限不够或用户受保护，以防意外删除。遇到这种情况时，要确定组织单位中的大多数用户不再有直接联系，才可以删除组织单位。在“Active Directory用户和计算机”管理窗口中，单击菜单栏中的“查看”选项，激活“高级功能”。

当组织单位中的大多数用户不再有直接联系时，可以删除组织单位，但由于已经被设定成防止意外删除，所以是无法直接用鼠标右键删除的。需要在“Active Directory用户和计算机”管理窗口中，单击菜单栏中的“查看”选项，激活“高级功能”。这样可以在组织单位的“属性”中查看“对象”选项。再查看所要删除组织单位的属性，对之前选择的“防止对象被意外删除”选项进行修改。

能力拓展

海星公司为更好地进行公司内部管理与资源共享，要求迈联公司负责网络权限与安全问题的管理。任务是需要建立活动目录并完成相关管理，公司派工程师小温完成如下操作。

1）建立域控制器，其中域名为haixing.com。

2）为所有员工建立用户账号并加入域中。账号规则：部门字母缩写-姓名拼音，如营销部张三的账号为YX-zhangsan。

3）为不同部门建立用户组部门，包括总经理办、财务部、企划部、质量部、运行室、网络信息中心、公关部、营销部（组名称为部门字母缩写）。

4）为市场部经理等用户建立组织单元，让其可以获得除总经理办和网络信息中心之外的所有组的相关权限。

单元知识总结

在本单元的学习中，重点介绍了Windows Server 2012系统中活动目录的管理，通过建立域控制器，将用户机登录到域中来实现全局化管理。

学习单元自我评价表，见表2-7。

表2-7　学习单元自我评价表

<table>
<tr><th></th><th>学习目标</th><th>核心能力点</th><th>自我评价</th></tr>
<tr><td rowspan="14">职业岗位能力</td><td rowspan="4">理解在活动目录中域、域树、域林之间的关系，并能根据实际情况进行识别和设计</td><td>理解活动目录的概念、特点及应用领域</td><td></td></tr>
<tr><td>掌握域、域树、域林的概念，并能够牢记三者之间的组成与关系</td><td></td></tr>
<tr><td>能够合理地使用命名规则，让各级之间的名称直观、合理，让之后的工作更简单</td><td></td></tr>
<tr><td>熟悉活动目录的主要功能，并根据实际情况进行适当操作</td><td></td></tr>
<tr><td rowspan="4">能熟练掌握建立域控制器的步骤和方法，能够使用客户机登录创建的域</td><td>能够在Windows Server 2012上安装活动目录域服务</td><td></td></tr>
<tr><td>牢记安装时的各项注意事项，如需要将域升级等步骤</td><td></td></tr>
<tr><td>能够根据具体要求，对域控制器进行管理</td><td></td></tr>
<tr><td>可以熟练地把Windows客户机添加到域</td><td></td></tr>
<tr><td rowspan="3">掌握创建用户账户和组的意义，能够快速熟练地创建用户账户和组，并可以针对实际情况进行管理</td><td>掌握用户、用户组的定义和在整个域中的作用</td><td></td></tr>
<tr><td>熟练并且合理地创建用户和用户组</td><td></td></tr>
<tr><td>能快速地对相关用户和用户组进行管理</td><td></td></tr>
<tr><td rowspan="3">了解组织单位的概念、特点及应用领域，掌握组织单位的创建及管理</td><td>掌握组织单位的定义和组织单位的划分规则</td><td></td></tr>
<tr><td>熟练并且合理地创建组织单位</td><td></td></tr>
<tr><td>掌握管理组织单位的方法</td><td></td></tr>
<tr><td rowspan="3">通用能力</td><td colspan="2">沟通表达能力</td><td></td></tr>
<tr><td colspan="2">解决问题能力</td><td></td></tr>
<tr><td colspan="2">综合协调能力</td><td></td></tr>
</table>

学习单元3
搭建文件服务器

单元情境与学习目标

文件服务器（File Server）的主要目的是向客户机提供文件服务。文件服务器加强了服务器存储器的功能，简化了网络数据资源的管理，不但可以改善系统的性能，提高数据的可用性，还可以减少管理的复杂程度，保证数据的安全和降低管理成本。

在前面学习单元中介绍了有关活动目录的相关知识和技能，Windows Server 2012提供了强大的文件服务功能，借助其可以有效地实施企业网络的文件管理功能。

现迈联公司继续为某学校网络中心机房做建设与管理工作，公司派工程师小温帮助该校构建并配置文件服务器。

搭建文件服务器的基本流程是：与客户确认搭建服务器的基本要求→对磁盘进行管理→设置NTFS文件权限→设置共享打印机→使用DFS配置共享文 件夹。

单元学习目标

知识目标

了解Windows Server 2012文件资源管理与共享管理，掌握关于文件系统与共享管理、磁盘管理、分布式文件系统（DFS）的知识。

工作任务要求

1）熟练运用磁盘配额管理磁盘。

2）了解如何对NTFS文件系统进行压缩与加密。

3）掌握设置共享文件夹的方法。

4）掌握利用NTFS文件权限管理文件资源。

5）能熟练设置打印机共享。

6）能利用DFS管理共享资源。

任务1 管理磁盘

任务背景与分析

1. 客户需求

在某学校网络中心，客户热情地接待了小温，并介绍了学校新购置的服务器系统安装情况，提出学校服务器上的磁盘空间是有限的，为了防止学校内的用户滥用网络服务，造成服务器存储空间的浪费，应该采取什么有效措施？下面是两人的对话片段：

客　户：现在这几台服务器都已经安装好了，前面已经做了一些基本的设置，但是学校的业务量比较大，材料也相当多，需要合理的利用服务器的磁盘空间，应该怎么做？

工程师：学校的意思是不希望教师滥用共享空间，造成服务器空间的浪费，要合理地利用磁盘空间，是吧？

客　户：是的，最好限定每个员工可以访问的空间大小。

工程师：可以通过系统提供的磁盘配额管理来设置不同教师的磁盘使用权限和磁盘空间大小，今天就可以完成此项操作。

2. 任务分析

存储网络资源的硬盘空间不是无限的，合理地利用其有限的空间是管理员需要认真考虑的问题。Windows Server 2012系统提供了磁盘配额管理功能，应用该功能，管理员可以跟踪和控制磁盘空间的使用，以避免个别用户滥用磁盘空间。

工作流程：确认用户需求与功能分析→填写安装工单→做出配额计划→启用磁盘配额管理→选择用户→设置配额权限→完成设置。

3. 任务工单

根据王主任的要求，小温了解了系统的各相关信息后，填写了任务工单，见表3-1。

表3-1　迈联公司工程任务工单

客户名称：××学校网络中心　　　　任务单号：P2014060301

现场地点	××学校网络中心机房		日期	2014年9月3日
客户要求	1）拒绝将磁盘空间给超过配额限制的用户使用 2）将磁盘配额限制设置为500MB 3）当磁盘容量低于为20MB时发出警告提示“磁盘容量不足”			
现场环境及参数	文件服务器硬盘大小总计为4TB，分为5个区			
联系方式	联系人：王主任	联系电话：133××000001	工时	2

4. 核心能力点

磁盘管理是计算机系统管理的一项重要内容，除了在安装Windows Server 2012的过程中需要配置磁盘外，在使用计算机的过程中经常要进行磁盘管理，如新建分区、删除磁盘分区、更改驱动器号和路径、清理磁盘和设置磁盘限额等。Windows Server 2012在磁盘存储管理中还增加了VHDX磁盘、重复数据删除等新功能。

要对磁盘进行各项管理操作，可以在“服务器管理器”窗口中单击“工具”菜单下的“计算机管理”命令，在弹出的窗口中单击“磁盘管理”即可，如图3-1所示。

图3-1　打开磁盘管理

磁盘配额管理是用来限制一个或多个用户可以使用的磁盘空间的功能。例如，系统内有一个名为abc的用户，现在管理员在D盘上启用磁盘配额，设置了abc用户在D盘上的磁盘配额在10MB以下，如果abc在D盘上存放的文件超过10MB就会有警告，无法再写入。不过磁盘配额只能应用在NTFS文件系统上。配额必须由root用户或者有root权限的用户启用和管理。它们往往用于多用户系统，不常用于单一用户的工作站。它能防止个体用户和组织使用文件系统中超过自己所允许的部分，或者造成系统完全拥堵。

任务实施　管理磁盘配额

对服务器的E盘设置磁盘配额的步骤如下：

1）在“我的电脑”窗口中的E盘上单击鼠标右键，在弹出的快捷菜单中单击“属性”命令，弹出“本地磁盘（E:）属性”对话框，如图3-2所示。

图3-2　属性对话框

2）在“本地磁盘（E:）属性”对话框中选择“配额”选项卡，设置“将磁盘空间限制”为500MB、“将警告等级设为”20MB，并选中“用户超出配额限制时记录事件”和“用户超过警告等级时记录事件”复选框，如图3-3所示。

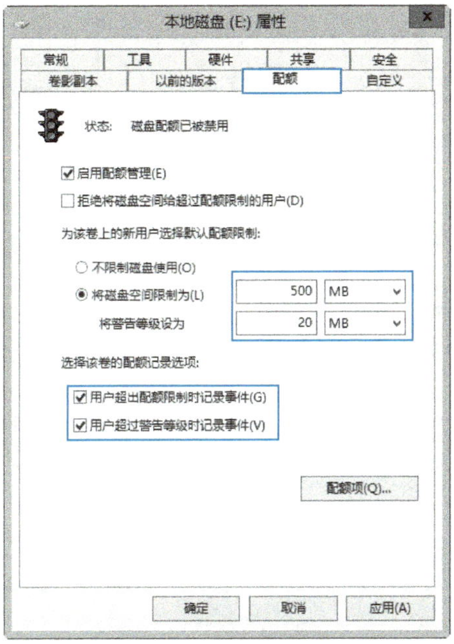

图3-3　配额选项

3）单击“配额项”按钮，弹出“DATA（E:）的配额项”窗口，如图3-4所示。

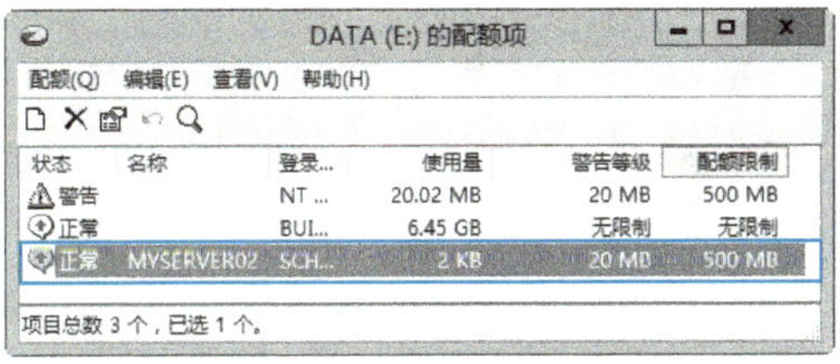

图3-4　磁盘配额项

4）在菜单栏中单击“配额”→“新建配额项”命令，弹出如图3-5所示的“选择用户”对话框。

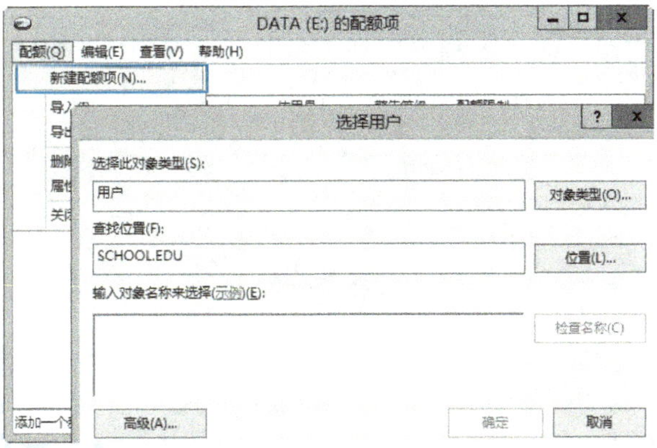

图3-5　“选择用户”对话框

5）在弹出的“选择用户”对话框中单击“高级”按钮，打开用户高级设置部分后，单击“立即查找”按钮，选择“MYSERVER03”用户，如图3-6所示。此时“MYSERVER03”用户被设置成了想要委派的权限设置，单击两次“确定”按钮。

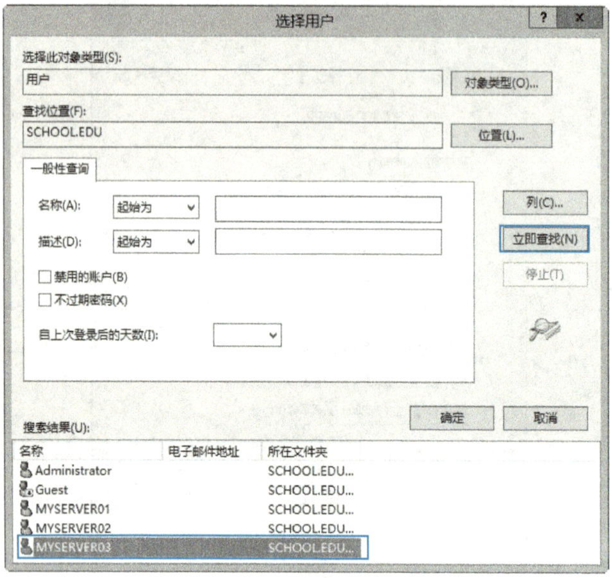

图3-6　选择用户

6）在弹出的图3-7所示的“添加新配额项”对话框中，规定“MYSERVER03”的磁盘空间限制最多为500MB，警告等级设置为20MB。

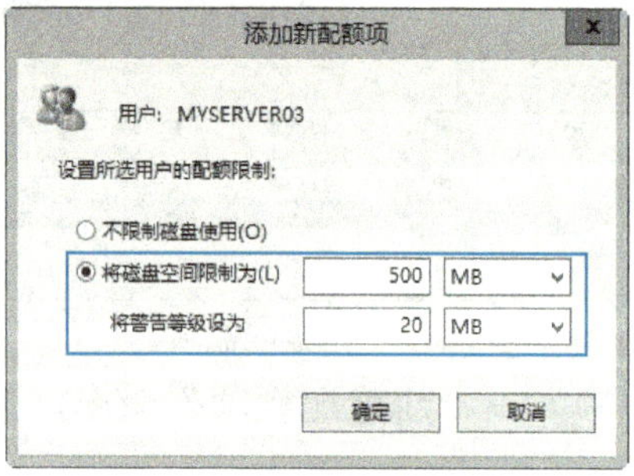

图3-7　添加新配额项

7）单击“确定”按钮，在“配额项”列表中即可以看到用户MYSERVER03的磁盘配额情况，如图3-8所示。

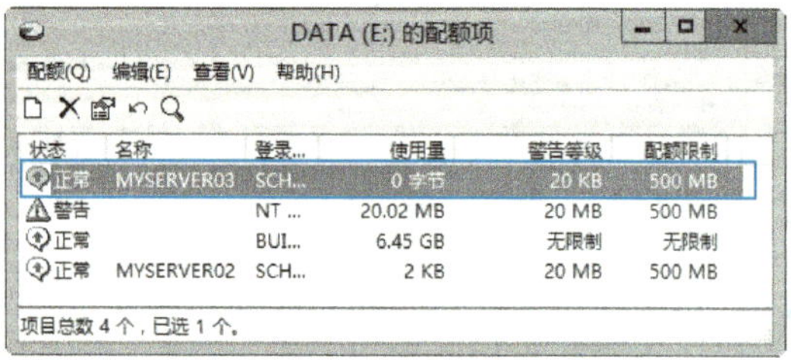

图3-8　配额项列表

能力拓展

1. 创建VHDX格式的虚拟磁盘

Windows Server 2012中新增了VHDX格式的虚拟磁盘，通过它可以增加存储容量、保护数据，并确保大型扇区磁盘上的质量性能。创建一个VHDX格式的虚拟磁盘如下：

1）在服务器管理器中，选择“工具”→“计算机管理”，在计算机管理页面中选择磁盘管理并单击鼠标右键，在弹出的快捷菜单中选择“创建VHD”，如图3-9所示。

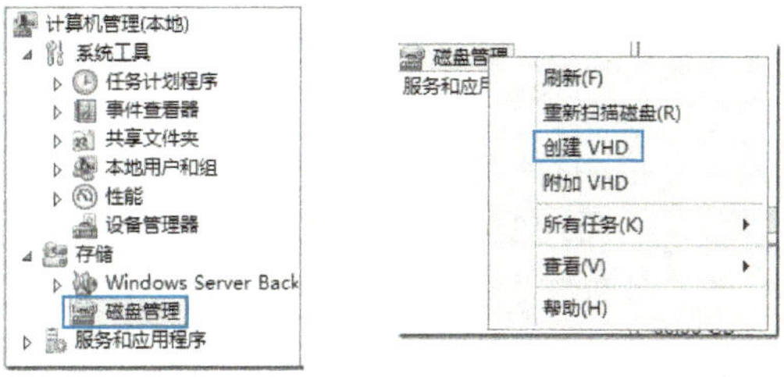

图3-9　创建VHD

2）在“创建和附加虚拟硬盘”对话框中，输入虚拟磁盘文件的保存位置，将该文件保存到较大的分区中，在“虚拟磁盘大小”文本框中输入虚拟磁盘的容量，之后选择虚拟硬盘的格式，可以创建VHD格式和VHDX格式。在创建VHDX格式时，不能被除了Windows Server 2012之外的其他Windows访问，之后选择虚拟硬盘的类型，如图3-10所示。

3）创建好VHDX硬盘后自动挂载到系统中，格式化后就可以使用VHDX硬盘了，如图3-11所示。

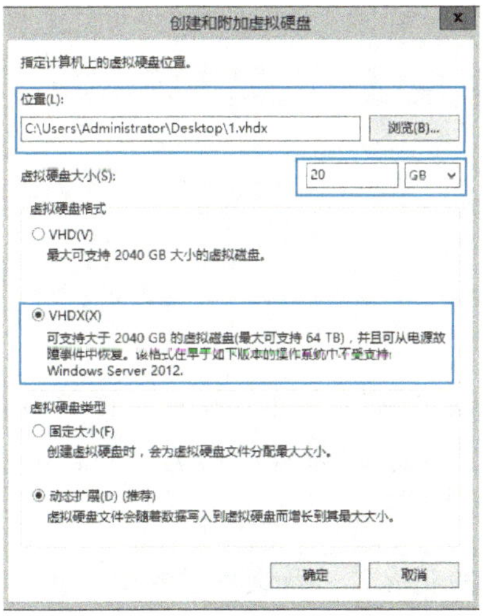

图3-10　创建和附加虚拟硬盘

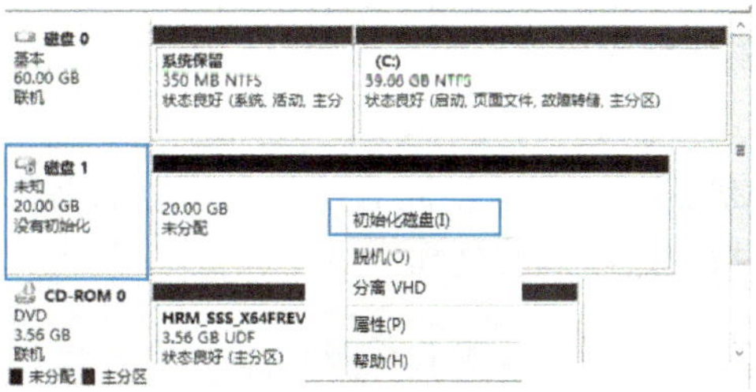

图3-11　VHDX磁盘

2. 在Server 2012的磁盘管理中设置重复数据删除操作

重复数据删除是指发现并删除数据内的重复信息而不损失数据的精确性或完整性的操作。Windows Server 2012提供了创新的“重复数据删除”功能，使得Windows Server 2012能够在更少的物理空间中存储更多的数据，并获得比以前版本的Windows操作系统更高的存储效率。设置“重复数据删除技术”的主要操作步骤如下：

1）在主界面上依次单击“添加角色和功能向导”“选择服务器角色”按钮，选中“文件和ISCSI服务”下面的“数据删除重复”复选框，按照向导依次安装“重复数据删除技术”组件，如图3-12所示。

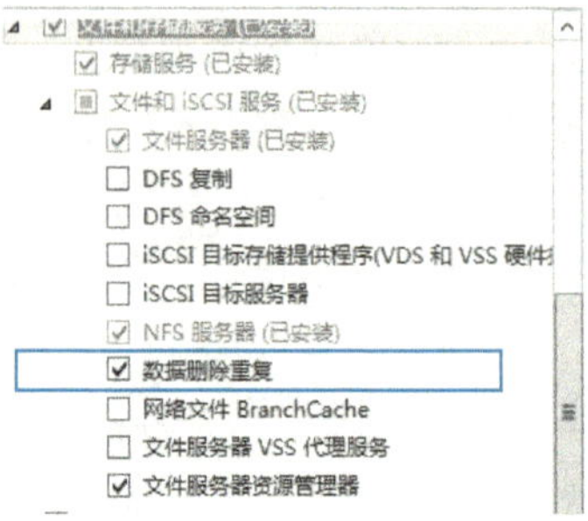

图3-12　数据删除重复

2）单击服务器管理器的“工具”下拉菜单中的“计算机管理”，对添加到服务器的存储磁盘进行初始化设置，对存储磁盘E进行初始化、联机、格式化等操作。

3）用鼠标右键单击磁盘E，单击“配置数据删除重复”命令，在弹出的对话框中选中“启用数据删除重复”复选框，单击“设置删除重复计划”按钮，对重复数据删除的相关选项进行配置。

4）选中“启用后台优化”，以确保在系统繁忙时，以最大程度降低对系统性能的影响。选中“启用吞吐量优化”，以确保在指定的时间立刻运行重复删除作业。启用之后，可以看出重复删除的相关指标已经出来了。

任务2　管理文件系统

任务背景与分析

1．客户需求

工程师小温为学校新购买的3台服务器做了磁盘管理后，王主任希望在使用服务器的过程中不同级别的教师有不同的访问权限，服务器上尽可能多地保存数据，并且可以实现对一些重要数据进行加密处理。

客　户：学校服务器内有最新的设备资料、考勤状况、行政文件和各部门资料等，有些文件是不适合公开的，所以希望不同部门的教师有不同的访问权限。

工程师：好的，想让不同级别的教师拥有不同的文件访问权限以提高安全性，可以利用系统提供的NTFS文件系统格式设置权限，可以设置管理员对所有文件夹拥有完全控制权，所有教师对共享文件夹只拥有读取权限，每位教师只对自己的文件夹拥有完全控制权。

客　户：还希望在服务器上尽可能多地存放数据和对一些重要数据进行加密。

工程师：好的，这些都不是问题，今天就可以完成此项操作。

2. 任务分析

对不同教师设置不同的文件访问权限可以通过系统提供的NTFS权限管理来完成，以避免对一些文件进行非授权的访问。对于一些不希望别人看到的重要资料或文件，可以通过系统提供的加密系统（EFS）完成。加密的数据对本人的访问是完全允许的，不会受到任何限制，而其他非授权用户试图访问加密过的数据时，就会收到“访问拒绝”的提示。用户在存储数据时希望能够节省磁盘空间，但为了使用方便，不希望使用第三方的软件来压缩/解压缩，可以使用系统提供的文件压缩功能完成。用户在使用被压缩的文件时与普通文件没什么不同，但是磁盘的占用空间减小了。

工作流程：按需求设置NTFS权限→设置文件加密→设置文件压缩。

3. 任务工单

根据王主任的要求，工程师小温查看了相关信息后填写了任务工单，见表3-2。

表3-2 迈联公司工程任务工单

客户名称：××学校网络中心　　　　任务单号：P2014060302

现场地点	××学校网络中心机房	日期	2014年9月5日
客户要求	1）可以实现不同权限管理 2）对指定文件系统进行压缩操作 3）对文件系统进行加密操作		
现场环境及参数	服务器型号：IBM System ×3850 ×5企业级机架式4U服务器 服务器名称分别为MYSERVER01、MYSERVER02、MYSERVER03		
联系方式	联系人：王主任　　联系电话：133××000001	工时	2

4. 核心能力点

文件系统是操作系统中最显而易见的组成部分。大多数操作系统把可由用户命名的对象称为文件。不同的操作系统都有其独特的文件类型。常见的文件系统有FAT、FAT32、NTFS。用户在安装Windows Server 2012之前，应该先决定选择的文件系统。

1）FAT：也称为FAT16，是MS-DOS和最早期的Windows 95操作系统中使用的磁盘分区格式。它采用16位的文件分配表，目前几乎所有的操作系统都支持这种分区格式。它的缺点是磁盘利用效率低。

2）FAT32：采用32位的文件分配表，突破了FAT16下每一个分区的容量只有2GB的限制。运用FAT32的分区格式，可以将一个大容量硬盘定义成一个分区而不必分为几个分区使用，方便对磁盘的管理。

3）NTFS：是Windows NT以上系统支持的文件系统。它的优点是有非常好的安全性和稳定性，在使用中不易产生文件碎片，而且能对用户的操作进行记录，通过对用户权限进行非常严格的限制，使每个用户只能按照系统赋予的权限进行操作，充分保护了系统与数据的安全。

NTFS的优点：可以支持的分区容量可以达到2TB。NTFS是一个可恢复的文件系统。NTFS支持对文件夹和文件的压缩，并且它采用了更小的簇，可以更有效率地管理磁盘空间。在NTFS分区上，可以为共享资源、文件夹以及文件设置访问许可权限，并且只有在NTFS文件系统中用户才可以使用诸如“活动目录”和“基于域的安全策略”等重要特性。

1）查看磁盘文件系统格式的方法是直接在所要查看的磁盘上单击鼠标右键，在弹出的磁盘属性的“常规”选项卡中即可以查看到本地磁盘的文件系统格式，如图3-13所示。

2）把FAT32文件格式的F盘转换为NTFS文件系统的方法。

① 打开Power Shell。

② 输入命令“convert F:/FS:NTFS”，按<Enter>键，开始转换。

③ 在操作过程中，根据屏幕窗口提示，依次单击“Y”按钮，即可完成转换。这种转换方法，原来盘里的文件不会产生变化。

图3-13　文件系统的查看方法

任务实施　利用NTFS文件权限管理文件

在Windows Server 2012的NTFS文件系统中，会自动设置磁盘分区的访问权限值，这些权限会被该分区的子文件夹和文件所继承。为了控制用户对某个文件夹及其文件夹中的文件的访问，就要指定文件夹和文件的权限。设置该权限的应当是Administrator组成员或拥有完全控制权限的用户。对某一文件进行权限管理的步骤如下：

1）打开要设置权限的文件的存储位置D盘，在要设置权限的文件“txt01”上单击鼠标右键，在弹出的快捷菜单中单击“属性”命令，弹出“txt01属性”对话框，选择“安全”选项卡下“组和用户名”中的“Users”组，可以看到它已经继承了系统的“读取和执行”与“读取”权限，如图3-14所示。

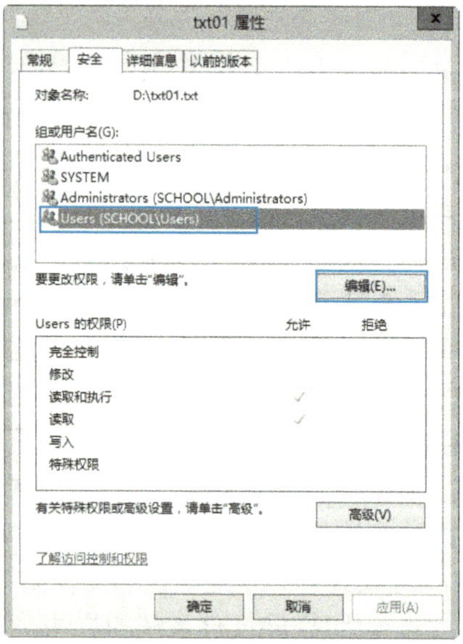

图3-14　文件安全属性

知识拓展

标准NTFS文件权限的类型有读取、写入、读取及执行、修改、完全控制。

读取：读取文件内的数据，查看文件的属性、所有者和权限。

写入：更改或覆盖文件的内容，改变文件的属性，查看文件的所有者 和权限 。

读取及执行：拥有“读取”的所有权限，具有执行应用程序的权限。

修改：拥有“读取”“写入”与“读取及执行”的所有权限，可以修改和删除文件。

完全控制：拥有所有上面的NTFS权限，拥有“更改权限”与“取得所有权”的权限。

2）单击“编辑”按钮，在弹出的“txt01的权限”对话框中选择“Users”可在“Users的权限”选项中选中相应权限右边的“允许”或“拒绝”复选框来更改“Users”组的权限，如图3-15所示。

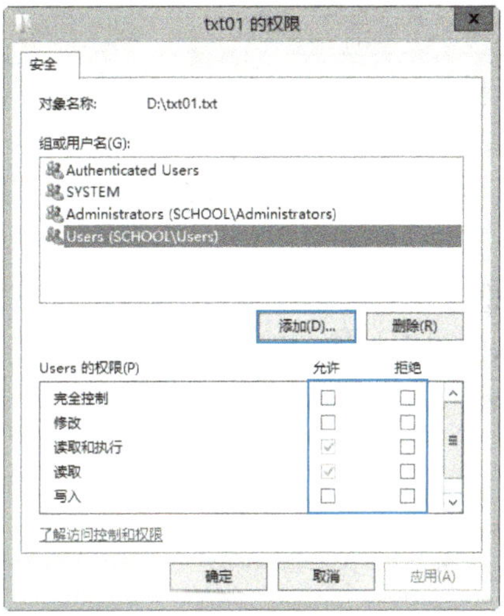

图3-15 “txt01的权限”对话框

3）如果想要给其他用户或组委派权限，可以单击“添加”按钮，弹出 “选择用户、计算机、服务账户或组”对话框，如图3-16所示。

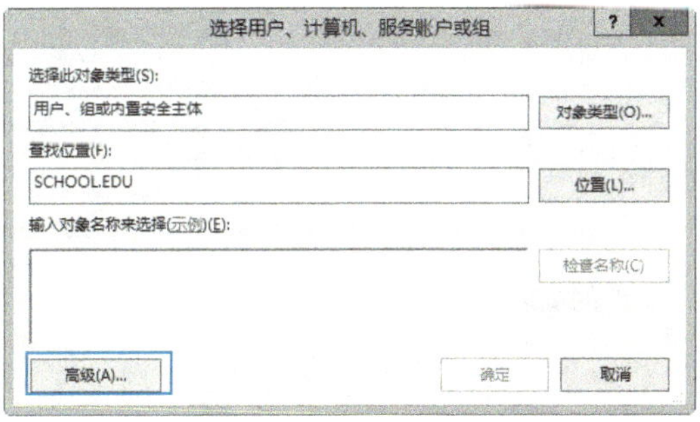

图3-16 选择权限用户

4）在图3-16所示的对话框中单击“高级”按钮后，单击“立即查找”按钮，在“搜索结果”下拉列表中选择要添加的可以拥有对txt01访问及其他操作权限的用户或组，如图3-17所示。

5）选择好用户或组后单击两次“确定”按钮，就可以对其进行txt01权限的委派了，新添加的用户权限不是继承的，所有权限都可以修改，如图3-18所示。

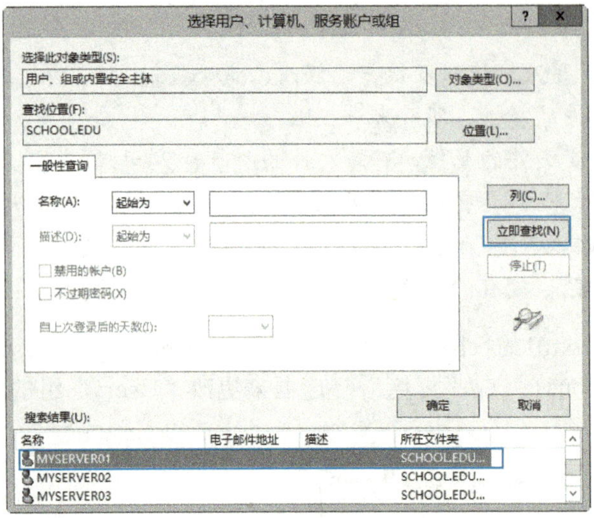

图3-17　添加权限用户

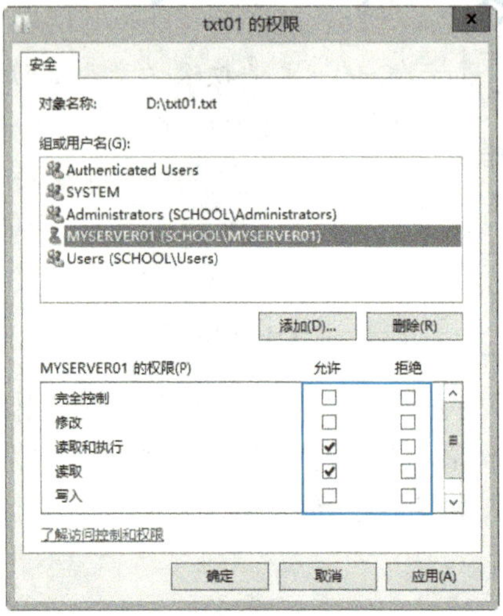

图3-18　显示添加权限用户

6）如果“Users”组不想继承上一层的权限，则可以单击“确定”按钮后回到“安全”选项卡，单击“高级”按钮，弹出“txt01的高级安全设置”对话框，单击“禁用继承”按钮，如图3-19所示。

7）在图3-20所示的对话框中单击“禁用继承”按钮，弹出“阻止继承”对话框，选择“从此对象中删除所有已继承的权限”选项即可，如图3-20所示。

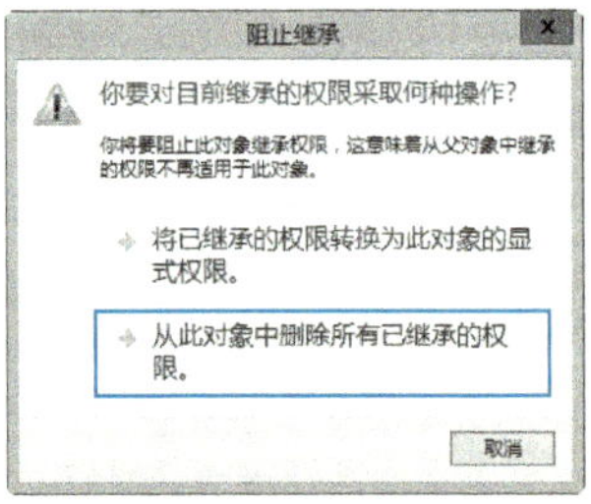

图3-19　文件的高级安全设置　　　　图3-20　阻止继承

任务实施　压缩与加密文件系统

压缩是指减少资源对象在磁盘或其他存储设备上的占用空间，文件夹、文件、程序甚至驱动器均可以进行压缩。加密可以确保文件或文件夹的安全，被加密的文件或文件夹只能被加密用户和系统管理员Administrator访问和修改。例如，利用NTFS对文件夹file01及其内文件进行压缩和加密的步骤如下：

1）用鼠标右键单击“D:/file01”，在弹出的快捷菜单中单击“属性”命令，在弹出的“file01属性”对话框中的“常规”选项卡下单击“高级”按钮，如图3-21所示。

图3-21　文件属性

2）在弹出的“高级属性”中选中“压缩内容以便节省磁盘空间”或“加密内容以便保护数据”复选框，如图3-22所示。

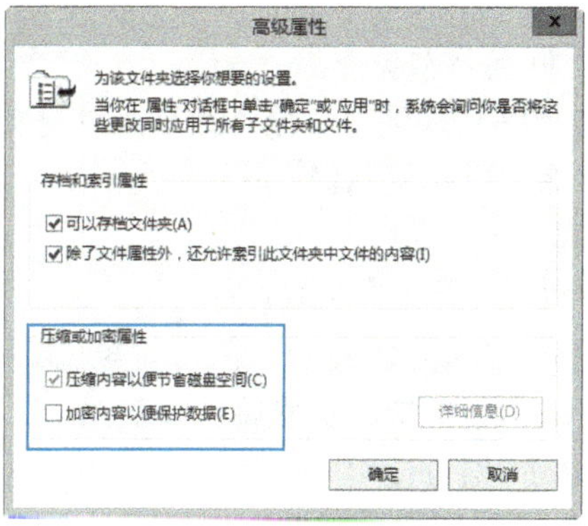

图3-22　高级属性

3）单击两次“确定”按钮，弹出“确认属性更改”对话框，在该对话框中选中“将更改应用于此文件夹、子文件夹和文件”单选按钮，单击“确定”按钮完成操作，如图3-23所示。

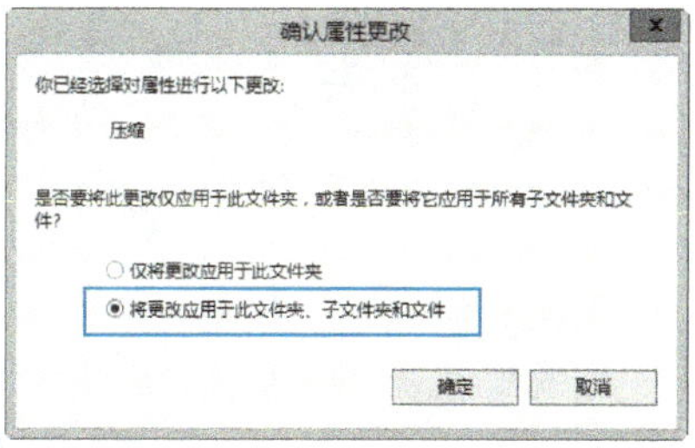

图3-23　“确认属性更改”对话框

能力拓展

下面了解一下Windows Server 2012全新设计的文件系统ReFS。

ReFS（弹性文件系统，Resilient File System）是在Windows 8.1和Server 2012中新引入的一个文件系统，目前只能应用于存储数据，还不能引导系统，并且在移动媒介上也无法使用。

1. Windows Server 2012 的ReFS可以提供下列特性

1）ReFS可以使用NTFS 文件系统的API，借此可以保证与NTFS 文件系统的兼容性。

2）ReFS中所有原数据的校验工作都可在树的层面上进行，这些校验值会独立于树页面本身，单独进行保存，这样可以避免各种形式的磁盘错误，包括介质上数据的退化。

3）ReFS还包含了对文件内容进行校验的额外功能。通过启用这个名为Integrity Streams的选项，ReFS总是会将文件的改动写入到不同于原始位置的其他位置。

4）ReFS提供了更强壮的磁盘更新，并使用了一种在写入事务中进行分配的模式（也叫做“写入时复制”）。

5）支持更大体积的卷、目录以及文件。ReFS磁盘上的格式通过使用16KB的簇大小，在设计上可以支持高达2^{78}B的卷。

6）ReFS在设计上可以充分满足Windows存储栈的各种指标，并可以通过其他栈层提供最大化的灵活性与兼容性。

2. 常见问题

1）能否在NTFS和ReFS之间转换数据？

在Windows Server 2012中无法转换现有数据。数据可以复制。

2）ReFS是否可用于可移除介质或驱动器？

不能。

3）ReFS不再支持哪些 NTFS的语义或功能？

在ReFS选择不再支持的NTFS功能包括命名流、对象ID、短名称、压缩、稳健级加密（EFS）、用户数据事务、稀疏、硬链接、扩展属性和配额。

4）奇偶校验空间能否与ReFS结合使用？

ReFS支持存储空间提供的错误还原选项。在Windows Server 2012中，自动数据更正仅针对镜像空间实施。

5）为什么ReFS中没有重复数据删除？

ReFS本身不提供重复数据删除。

任务3　管理打印共享

任务背景与分析

1. 客户需求

学校有几十台办公计算机，现配置了一台激光打印机连接在了新购的一台主机上，学校希望各部门的领导都可以在该台计算机打印文件，以便降低办公费用。下面是两人的对话片段：

客　户：学校想利用新配置的这台打印机完成各中层干部的文件打印工作，应该怎么办呢？
工程师：可以把这台打印机设置成共享打印机。
客　户：只想让中层干部使用，普通教师不可以打印。
工程师：设置打印机的使用权限就可以了。

2. 任务分析

在网络中，打印机可以是共享使用的设备，Windows Server 2012提供了打印机共享功能。通过服务器共享打印机，中层干部就可以在自己的计算机上进行打印操作。对于普通教师不可以使用该台打印机，设置打印机的权限即可。

工作流程：启动打印机共享→设置打印机驱动下载→设置用户权限。

3. 任务工单

根据王主任的要求，小温了解了系统的相关信息后，填写了任务工单见表3-3。

表3-3　迈联公司工程任务工单

客户名称：××学校网络中心　　　　任务单号：P2014060303

现场地点	××学校网络中心机房	日期	2014年9月6日
客户要求	1）把打印机设置成网络共享打印机 2）设置打印权限，允许指定用户访问		
现场环境及参数	Epson激光打印机		
联系方式	联系人：王主任　联系电话：133××000001	工时	2

4. 核心能力点

（1）打印服务管理

打印机是网络上重要的共享资源，用户可以在网络上共享使用打印机资源。可以通过局域网络甚至Internet将打印任务发送到直接连接在Windows Server 2012打印服务器上的打印机。打印服务器可以为客户计算机添加附加的打印机驱动程序，客户计算机可以运行本机操作系统连接到该打印机，并自动下载所需的驱动程序。管理员可以为共享打印机设置权限，以方便不同用户的打印需求。

（2）打印服务角色服务

Windows Server 2012中的“打印服务”角色包含3个角色服务：打印服务器、LPD服务、Internet打印。

1）打印服务器是“打印服务”角色一项必需的角色服务。该服务将“打印服务”角色添加到“服务器管理器”中，并安装“打印管理”管理单元。“打印管理”用于管理多个打印机或打印服务器，并从其他Windows打印服务器迁移打印机或向这些打印服务器迁移打印机。共享了打印机之后，Windows将在具有高级安全性的Windows防火墙中启用“文件和打印机共享”。

2）LPD（Line Printer Daemon）服务安装并启动TCP/IP打印服务器（LPDSVC）服务。该服务使基于UNIX的计算机或其他使用LPR（Line Printer Remote）服务的计算机可以通过该服务器上的共享打印机进行打印。

该服务不必进行任何配置。如果停止或重新启动“打印后台程序”服务，“TCP/IP打印服务器”服务也将停止，并且不会自动重新启动。

在“服务器管理器”中，单击“添加功能”，选中“LPR端口监视器”复选框，然后单击“确定”按钮。

3）Internet打印。Windows Server 2012中的“Internet打印”角色服务可以创建一个由Internet信息服务（IIS）托管的网站。

在“服务器管理器”中单击“添加功能”，选中“Internet打印客户端”复选框，然后单击“确定”按钮即可。

这3种角色服务共同提供Windows打印服务器的所有功能。可以在使用“服务器管理器”的“添加角色向导”安装“打印服务”角色时添加这些角色服务，也可以使用“服务器管理器”的“添加角色服务向导”进行安装。

任务实施　设置打印机共享

1）打开“控制面板”，选择“硬件”选项，选择其中的“设备和打印机”选项后进入“设备和打印机”窗口，在相应的打印机上单击鼠标右键，在弹出的快捷菜单中单击“打印机属性”命令，如图3-24所示。

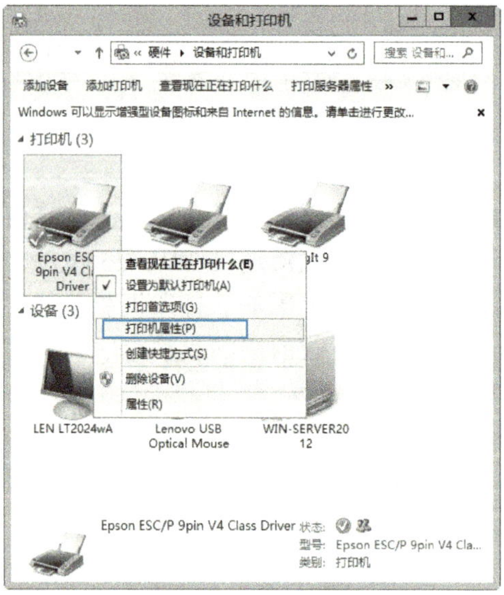

图3-24　选择打印机

2）进入系统默认打印机属性窗口，选择“共享”选项卡，选中“共享这台打印机”复选框，如图3-25所示。

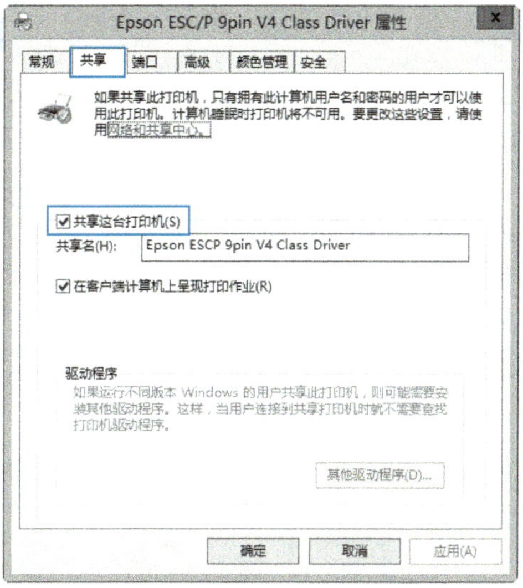

图3-25　共享打印机

3）选择“安全”选项卡，设置共享打印机所使用的用户或用户组，并设置它们的使用权限，如图3-26所示。单击“确定”按钮后便完成了打印机共享的设置。

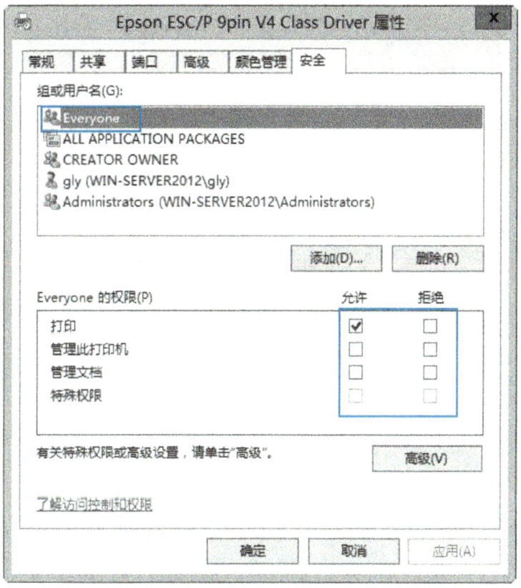

图3-26　打印机安全

知识拓展

设置打印机的权限：

打印机安装在网络上后，系统将会为它指派默认的打印机权限。出于安全方面的考虑，需要通过指派特定的打印机权限来限制某些用户对打印机的访问权。例如，可以给部门中所有用户设置“打印”权限，给所有管理人员设置“打印和管理文档”权限。

打印机权限有打印、管理文档和管理打印机3个等级。在默认情况下，所有的用户都作为Everyone组成员而拥有“打印”权限。

能力拓展

为了让打印机的共享更加方便，服务器和客户机可以安装“文件和打印机的共享协议”。用鼠标右键单击桌面上的“网络”，在弹出的快捷菜单中单击“属性”命令，进入“网络与共享中心”窗口。单击“以太网”选项，弹出“以太网属性”对话框，单击“常规”选项卡下的“属性”选项，在弹出的对话框中的“此连接使用下列项目”列表中没有找到“Microsoft网络的文件和打印机共享”，需要单击“安装”按钮，在弹出的对话框中选择“服务”，然后单击“添加”按钮，在“选择网络服务”窗口中选择“文件和打印机共享”，最后单击“确定”按钮，如图3-27所示。

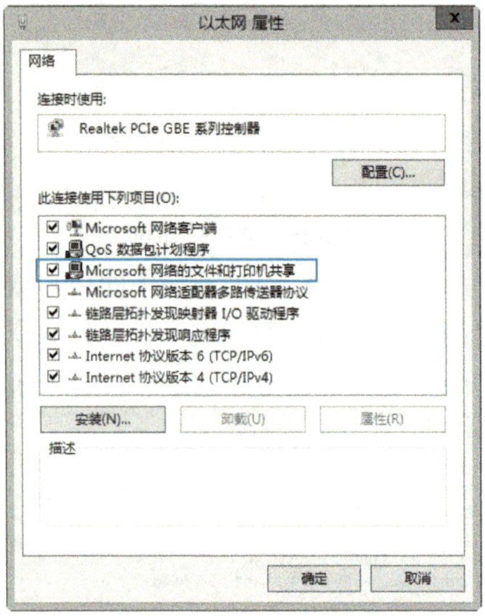

图 3-27　文件和打印机共享协议

任务4　应用分布式文件系统

任务背景与分析

1. 客户需求

学校网络上设置了多个服务器存储数据，管理员想统一管理这些服务器上的共享数据，使教师可以更方便地找到网络共享资源。下面是两人的对话片段：

客　户：学校新添置的3台服务器都有部分空间用以提供各部门的数据共享，但是教师查找共享资源时很不方便，如何使共享资源目录清晰明了呢？

工程师：可以通过系统提供的DFS工具对各服务器的共享文件进行统一管理。

2. 任务分析

Windows Server 2012系统提供分布式文件系统（DFS），可以将分布在不同服务器上的共享文件夹组织起来，如同所有被管理的共享文件夹都在同一个服务器一样。管理员只需利用DFS对各服务器的共享文件进行统一管理，从而达到分散共享文件夹综合管理的目的。

工作流程： 启动DFS服务→创建命名空间→设置参数→使用DFS。

3. 任务工单

根据王主任的要求，工程师首先填写任务工单，便于日后维护，见表3-4。

表3-4　迈联公司工程任务工单

客户名称：××学校网络中心　　　　　　　　任务单号：P2014060304

现场地点	××学校网络中心机房	日期	2014年9月6日
客户要求	实现3台服务器上的数据同步管理		
现场环境及参数	3台Server 2012，计算机名分别是MYSERVER01、MYSERVER02、MYSERVER03，域名是SCHOOL.EDU		
联系方式	联系人：王主任　联系电话：133××000001	工时	2

4. 核心能力点

（1）DFS

DFS（分布式文件系统，Distributed File System）是使用户更加容易地访问和管理物理上跨网络分布的文件。DFS为文件系统提供了单个访问点和一个逻辑树结构，通过DFS，用户在访问文件时不需要知道它们的实际物理位置，即分布在多个服务器上的文件在用户面前就如同在网络的同一个位置。

（2）设置共享文件夹及权限

在设置DFS文件管理之前必须在服务器上建立共享文件夹及其权限。共享文件夹是指某个计算机用来和其他计算机间相互分享的文件夹。它可以包括各种应用程序、公共数据或者用户的个人数据等资料。可以通过授予用户和组的权限来控制对该文件夹和其中内容的访问，也可以通过设置连接到共享文件夹的最多用户数目来保证访问共享文件夹的速度。

建立共享文件夹的操作方法如下：在要设置共享的文件夹上单击鼠标右键，在弹出的快捷菜单中单击“属性”按钮，在弹出的对话框中单击“高级共享”按钮。在弹出的“高级共享”对话框内设置共享文件夹的名称和权限。

（3）安装DFS服务

分布式文件系统是作为文件服务角色的一种角色服务而实现的。分布式文件系统包含两种角色服务：DFS 命名空间和DFS复制。

在利用DFS分布式文件系统管理之前，要安装“文件和存储服务”中的DFS。操作方法是打开服务器管理器，单击“角色和功能”选项后，在“添加角色和功能”界面中选中“文件和存储服务”下的“DFS复制和DFS命名空间”复选框，即可以安装DFS服务，如图3-28所示。

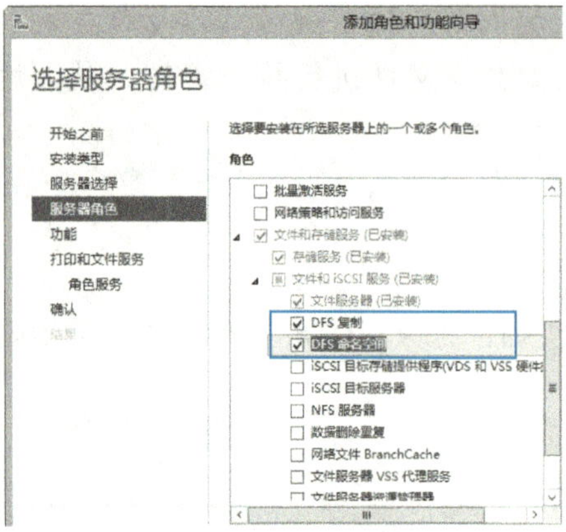

图3-28　添加DFS服务

任务实施　利用DFS管理文件资源

1）安装好DFS服务后，在“服务器管理器”窗口中单击“工具”→“DFS management”命令，在弹出的“DFS管理”窗口中单击“新建命名空间”命令，进入“新建命名空间向导”窗口。输入将承载该命名空间的服务器名称为“MYSERVER01”，如图3-29所示。也可以通过单击“浏览”按钮，选择要作为命名空间的服务器名称。

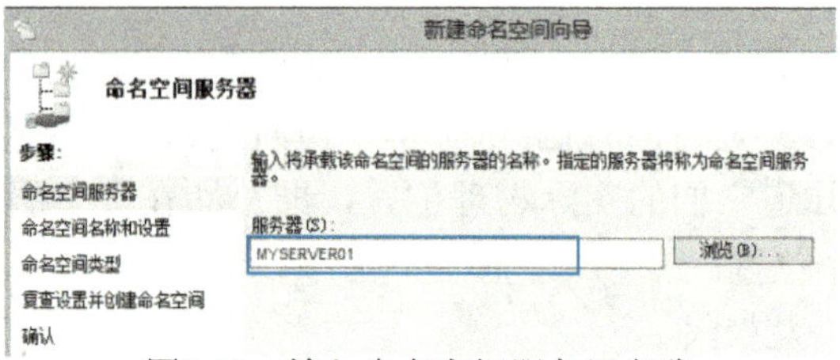

图3-29　输入命名空间服务器名称

2）单击“下一步”按钮，输入命名空间的名称，如“文件”，如图3-30所示。

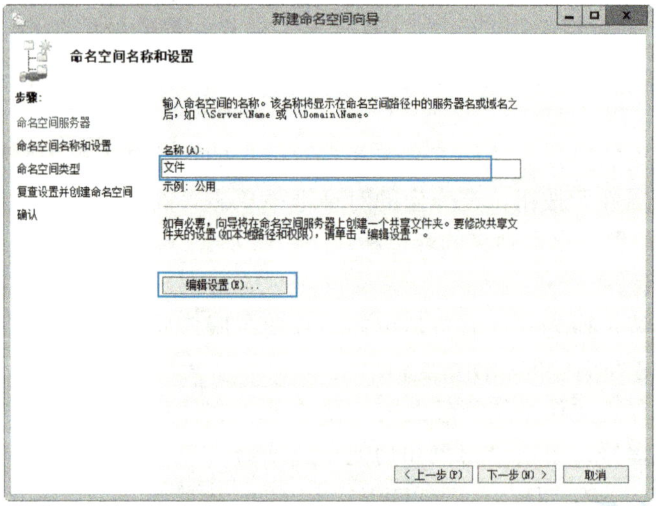

图3-30　设置命名空间名称

3）单击“编辑设置”按钮，可以设置空间共享文件夹的本地路径和共享文件夹权限，如图3-31所示。

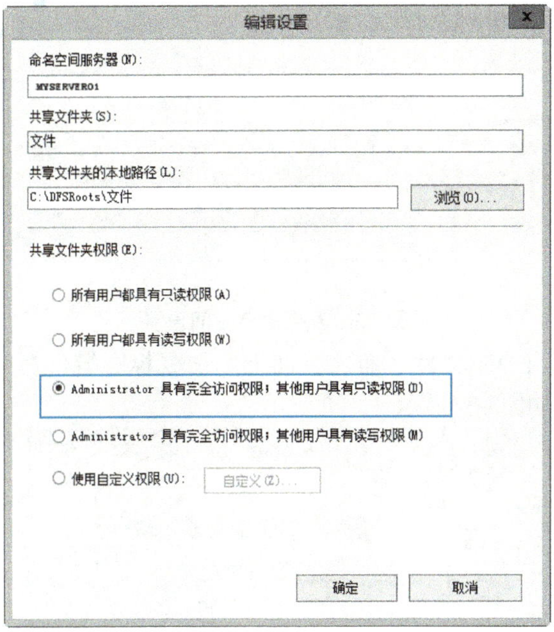

图3-31　命名空间共享文件夹路径与权限设置

4）依次单击“确定”和“下一步”按钮后，进入“命名空间类型”对话框，选中“基于域的命名空间”单选按钮，如图3-32所示。

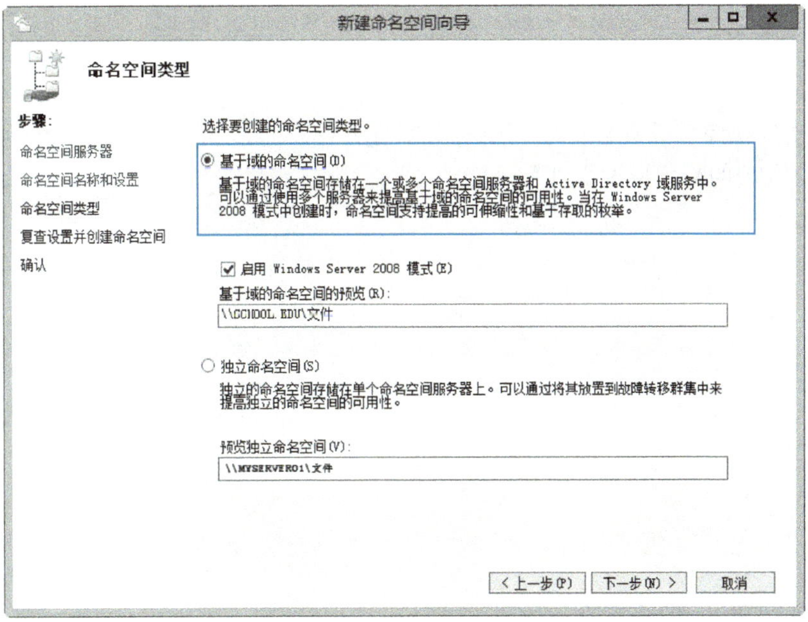

图3-32　命名空间类型设置

5）单击“下一步”按钮，可以查看所创建的命名空间情况，如图3-33所示。继续单击“下一步”按钮，完成命名空间的创建。

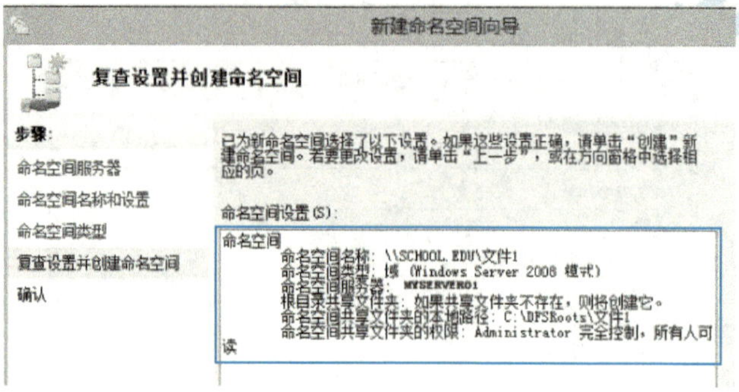

图3-33　复查命名空间设置

6）在“\\SCHOOL.EDU\文件”命名空间上单击鼠标右键，在弹出的快捷菜单中单击“新建文件夹”命令，如图3-34所示。

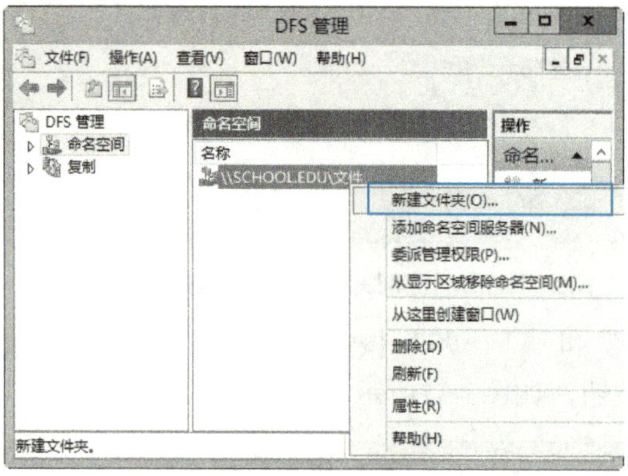

图3-34　新建命名空间文件夹命令

7）在弹出的“新建文件夹”对话框中的“名称”文本框中输入“资料”，则文件夹“资料”将统筹管理文件夹目标中的所有共享文件夹，也就是说这些共享文件夹的数据资料都可以让有权限的用户通过文件夹“资料”进行访问，如图3-35所示。

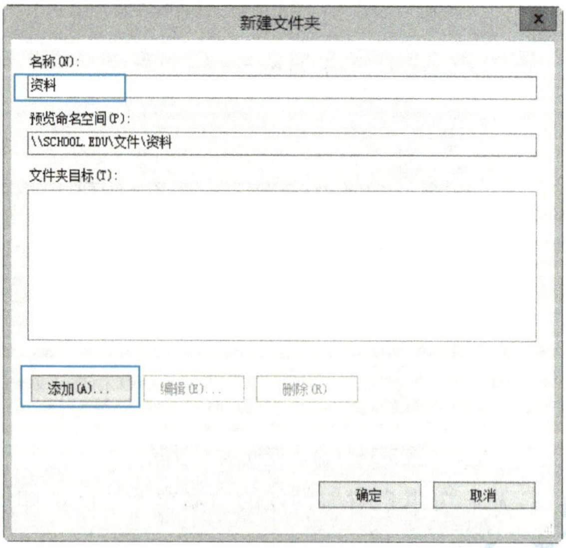

图3-35　新建命名空间文件夹

8）单击“添加”按钮，在弹出的“添加文件夹目标”对话框中单击“浏览”按钮，选择想要共享的服务器文件夹路径，或单击“浏览”按钮选择要添加的域“SCHOOL.EDU”中任何服务器的共享文件夹，如图3-36所示。

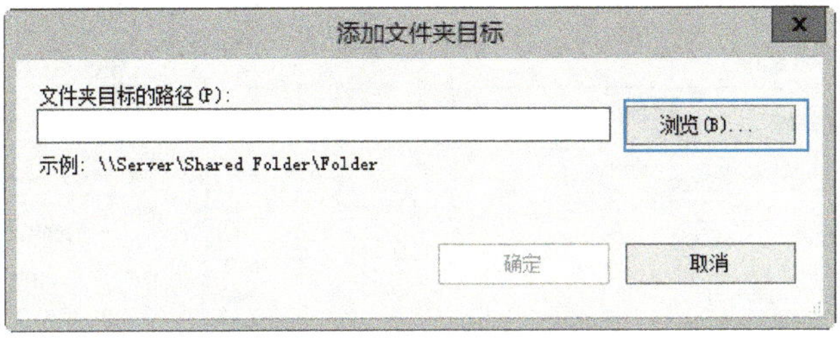

图3-36　添加文件夹目标

知识拓展

DFS是一个树状结构，包含一个根目录和一个或多个DFS链接。要建立DFS共享，必须首先建立DFS根，然后在每一个DFS根下创建一个或多个DFS链接，每一个链接可以指向网络中的一个共享文件夹。

9）在图3-37所示的“浏览共享文件夹”对话框中，单击“浏览”按钮，选择网络上的服务器浏览共享文件夹，如图3-38所示。

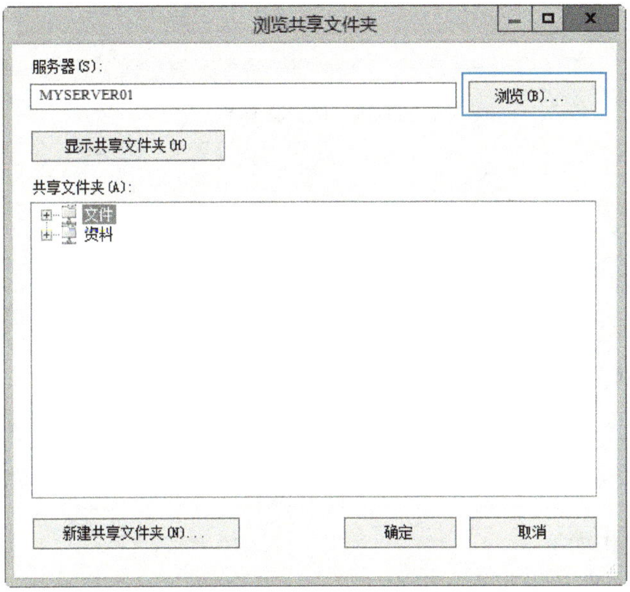

图3-37　浏览共享文件夹

10）单击“确定”按钮后，在“浏览共享文件夹”对话框中显示了服务器“MYSERVER03”的所有共享文件夹，并加入到“文件夹目标中”，单击“确定”按钮结束“共享文件夹目标”的设置。此时“资料”就包含了MYSERVER03中共享文件夹中的数据资料，授权用户就可以通过访问“资料”查看MYSERVER03上的资源。

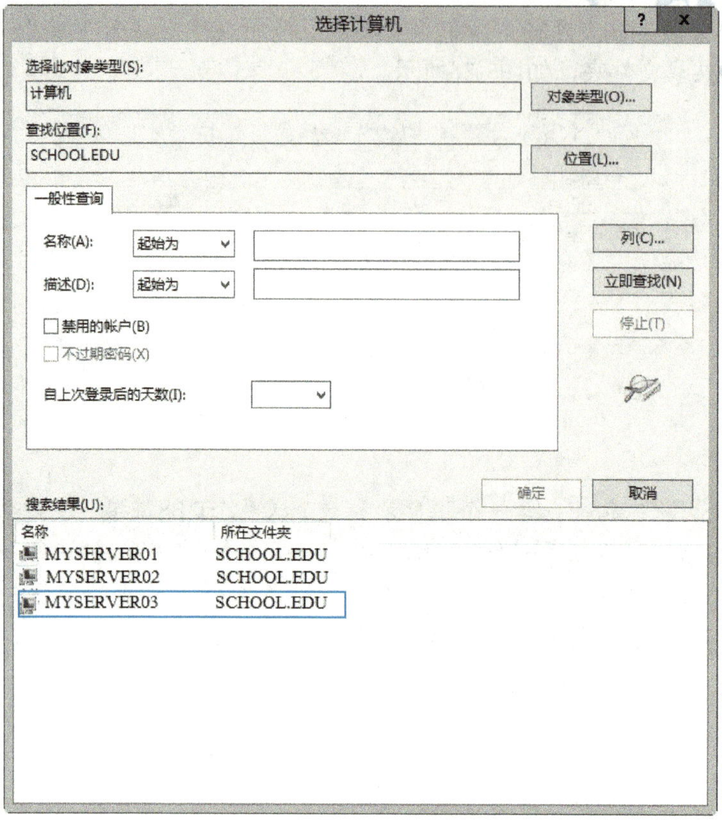

图3-38　选择计算机

知识拓展

DFS复制是文件和存储服务中的角色服务。它可有效地在多个服务器和站点上复制文件夹。它使用远程差分压缩（RDC）的压缩算法。RDC检测对文件中数据的更改，并使DFS复制仅复制已更改文件块而非整个文件。在Server 2012中，在断电或者DFS复制服务意外停止后启用自动恢复的功能和在复制文件夹中禁用服务器的成员身份时，会停止DFS复制专用文件夹清理。

设置DFS复制操作如下：

1）在DFS管理窗口的“复制”选项上单击鼠标右键，在弹出的快捷菜单中单击“新建复制组”命令，如图3-39所示。

2）在“新建复制向导”中依次设置复制组的类型为“多用途复制组”，把MYSERVER02服务器添加进来，然后再添加MYSERVER03时，发现有报错，如图3-40所示。报错的原因为MYSERVER03机器上未安装DFS复制，在MYSERVER03上安装好DFS复制后重新添加，即可以正常添加。

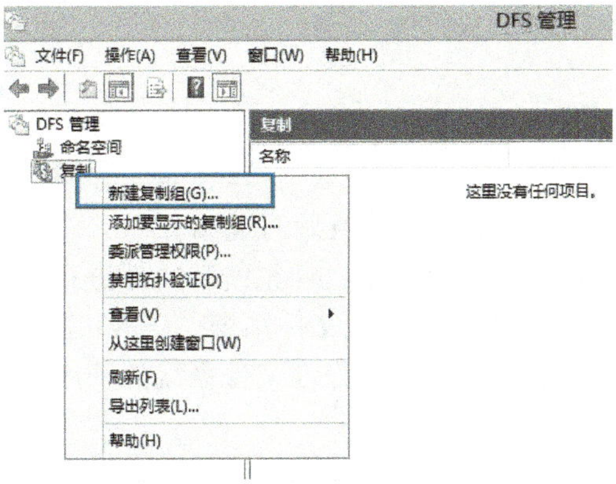

图3-39　新建复制组

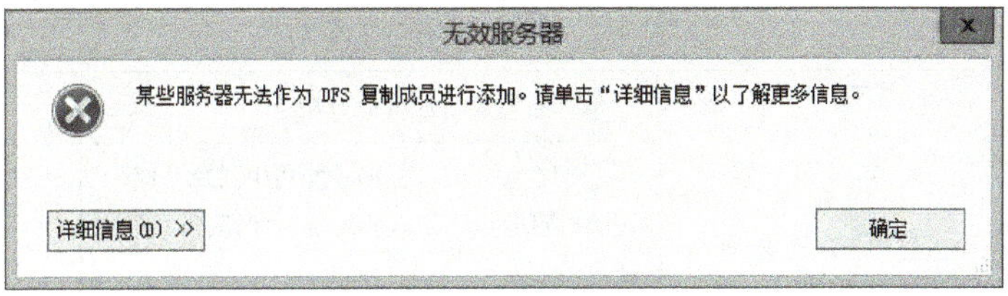

图3-40　选择复制组成员

3）选择拓扑结构为“交错”，带宽根据自己的实际情况来进行选择，并选择主要成员为“MYSERVER02”，如图3-41所示。

4）之后依次设置需要复制的文件夹和目标服务器即可完成操作。

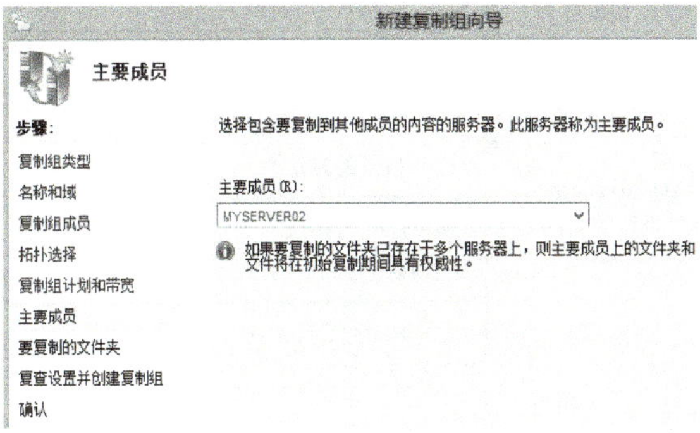

图3-41　设置主要成员

能力拓展

海星网络有限公司要组建小型网络，包括3台服务器、1台客户机、1台打印机，要求

1）建立域haixing.com，3台服务器名称分别为MYSERVER01、MYSERVER02、MYSERVER03，设置服务器的共享文件夹为“file01”。

2）设置打印机为共享打印机。

3）委派客户机的权限为只读，可上传文件但不能修改删除。给用户的磁盘配额为1.5GB，并在磁盘空间小于200MB时报警。

4）在该域中建立命名空间“Share01”，其文件夹目标为服务器上的“Share11”和另外一台服务器MYSERVER02上的“Share12”。

单元知识总结

通过本单元的学习，应掌握如何设置磁盘的配额管理、设置VHDX磁盘功能和重复数据删除等的磁盘操作，能够熟练使用NTFS文件系统对文件进行压缩和加密，可以成功设置网络共享打印机及其权限，并会使用分布式文件系统（DFS）管理共享文件及文件夹，了解Windows Server 2012的新增文件系统ReFS弹性文件系统的使用与常见问题的解决方法。学习单元自我评价表，见表3-5。

表3-5　学习单元自我评价表

	学习目标	核心能力点	自我评价
职业岗位能力	熟练运用磁盘配额管理磁盘 会对磁盘进行重复数据删除操作	掌握设置磁盘配额的方法	
		了解在Windows Server 2012中新建分区、删除磁盘分区、更改驱动器号和路径、清理磁盘的方法	
		掌握Windows Server 2012 在磁盘存储管理中增加的新功能VHDX磁盘功能和重复数据删除操作	
	能够熟练使用NTFS文件系统对文件进行压缩和加密。掌握利用NTFS文件权限管理文件资源 了解Windows Server 2012的新文件系统ReFS弹性文件系统的使用	了解文件系统的概念和常见的文件系统FAT、FAT32、NTFS	
		掌握以NTFS文件权限管理文件的方法	
		了解把FAT32格式的文件系统转换成NTFS格式的方法	
		掌握对NTFS文件系统下的文件或文件夹进行压缩与加密的方法	
		了解弹性文件系统	
	能完成网络共享打印机的设置操作	能把打印机设置成网络共享打印机	
		会设置打印权限的操作	
	会使用分布式文件系统（DFS）服务管理共享文件及文件夹，掌握设置共享文件夹的方法	会设置共享文件夹及其权限	
		了解DFS的定义及功能	
		掌握DFS“新建命名空间”的使用方法	
		掌握“DFS复制”的操作方法	
通用能力	沟通表达能力		
	解决问题能力		
	综合协调能力		

学习单元4
管理服务器系统的性能与安全

单元情境与学习目标

管理服务器系统性能与安全是指可以实时监测服务器上各系统模块的工作状态，及时维护，保证服务器系统的运行效率始终处于理想的状态，并且可以做好系统信息安全策略的设置和系统数据备份工作。

在学习单元3中，工程师小温已经根据校方的要求，完成了文件服务器系统的搭建工作，但是在系统运行了一段时间后，服务器性能有一些不稳定。

迈联公司派工程师小温去学校网络中心机房检查一下网络服务器的性能和安全状态，并做一些安全管理操作。

管理服务器的性能与安全的操作主要包括管理Windows Server 2012操作系统的性能、系统的安全以及数据备份等。

单元学习目标

知识要求

掌握Windows Server 2012系统的性能监视器、事件查看器以及安全管理的相关知识。了解计数器、组策略的相关知识。

工作任务要求

1）能对Windows Server 2012的性能进行监视。

2）会使用Windows Server 2012事件查看器。

3）能完成Windows Server 2012安全策略设置。

4）能完成Windows Server 2012系统数据备份与恢复。

任务1　监视与优化系统性能

任务背景与分析

1. 客户需求

学校管理员想在日常管理中实时检测服务器系统的性能，并可以做到优化服务器的性能，还想查看服务器系统在运行过程中发生的各种重要事件，如网络访问、系统登录、程序运行、资源调用等事件的记录。下面是两人的对话片段：

客　户：系统已经运行了一段时间，有些慢，应该如何监测和优化服务器的性能呢？
工程师：这可以通过系统提供的性能监视器工具来完成。
客　户：好。在日常管理中，学校想对服务器系统中发生的重要事件进行记录和查看，应该如何操作？
工程师：这主要通过使用事件查看器来完成。

2. 任务分析

利用Server 2012提供的性能监视器可以完成对系统的性能监视操作，并可以在性能监视器中自定义添加计数器为系统的各性能收集数据和资源使用状况。在运行过程中，当系统出现问题时，管理员可以利用Server 2012提供的“事件查看器”中记录的事件内容（包括事件描述、事件来源、事件类型等）获得有价值的信息，及时了解服务器系统的运行状态，对暗藏在系统中的威胁进行及时处理，保证服务器系统运行的安全性。

工作流程：了解管理需求→启动性能监视器→根据参数变化调整系统配置→启动事件查看器→查看事件信息→对事件日志文件进行管理。

3. 任务工单

根据王主任的要求，小温查看了系统的各性能指标，填写了相应的任务工单，见表4-1。

表4-1　迈联公司工程任务工单

客户名称：××学校网络中心　　　　任务单号：P2014060401

现场地点	××学校网络中心机房	日期	2014年9月10日
客户要求	1）能通过系统监视器监视系统的性能 2）可以让管理员查看到系统发生重大事件的日志文件		
现场环境及参数	3台Windows Server 2012服务器，分别为MYSERVER01、MYSERVER02、MYSERVER03		
联系方式	联系人：王主任　联系电话：133××000001	工时	2

4. 核心能力点

（1）性能监视器

性能监视器是性能监视的应用程序，它可以帮助管理员对网络的服务器性能进行监视，包括处理器、硬盘、内存、网络利用状况、整个网站等。同时，性能监视器可以记录性能数据、向网络管理员发出警告、启动另一个程序，将系统性能调整到可接受的范围内。

可以通过服务器管理器界面中的“工具”菜单打开“性能监视器”窗口，也可以在任务栏上单击“Windows PowerShell”按钮，在打开的窗口中输入字符串命令“perfmon”，打开“性能监视器”窗口。

（2）计数器

计数器是实时采集、分析系统内的应用程序、服务、驱动程序等的性能数据，以此来分析系统的瓶颈、监视组件的表现，最终帮助用户进行系统的合理调配。

（3）性能对象

性能对象即被监视者，一般系统中的性能对象包括处理器（Processor）、进程（Process）、线程（Thread）、网络通信（如TCP、UDP、ICMP、IP等）、系统服务（如ACS/RSVP Service）等。

（4）事件查看器

事件查看器是Windows中提供的一个系统安全监视工具。在事件查看器中，可以通过使用事件日志，收集有关硬件、软件、系统问题方面的信息，并监视Windows系统安全。它不但可以查看系统运行的日志文件，而且还可以查看事件类型，使用事件日志来解决系统故障。在系统启动的同时，事件日志服务会自动启动。

（5）日志文件的分类

事件查看器根据来源将日志记录事件分为应用程序日志、安全日志和系统日志。

1）系统日志中存放了Windows操作系统产生的信息、警告或错误。通过查看这些信息、警告或错误，不但可以了解到某项功能配置或运行成功的信息，还可以了解到系统的某些功能运行失败或变得不稳定的原因。

2）安全日志中存放了审核事件是否成功的信息。通过查看这些信息，可以了解到这些安全审核结果为成功还是失败，可以记录有效和无效的登录尝试等安全事件以及与资源使用有关的事件。同时，管理员还可以指定在安全日志中记录的事件。如果启用了登录审核，那么系统登录尝试就记录在安全日志中。

3）应用程序日志中存放应用程序产生的信息、警告或错误。通过查看这些信息、警告或错误，可以了解到哪些应用程序成功运行，产生了哪些错误或者潜在错误。

任务实施　使用性能监视器与事件查看器

在Windows Server 2012中，性能监视器和事件器查看器是系统管理员使用的工具。下面通过几个技能实训实例来介绍 Windows Server 2012 中的性能监视器和事件查看器的使用方法。

1. 性能监视器的使用

1）单击“服务器管理器”窗口中的“工具”菜单下的“性能监视器”命令，如图4-1所示。

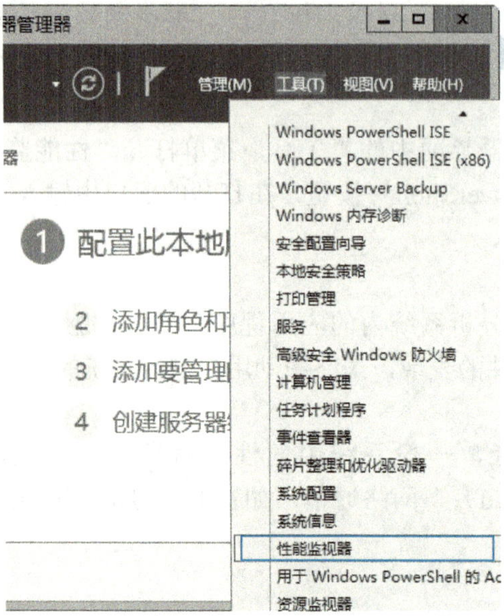

图4-1　启动性能监视器

2）在弹出的“性能监视器”窗口中可以直观地看到服务器系统每时每刻运行性能的变化，如图4-2所示。

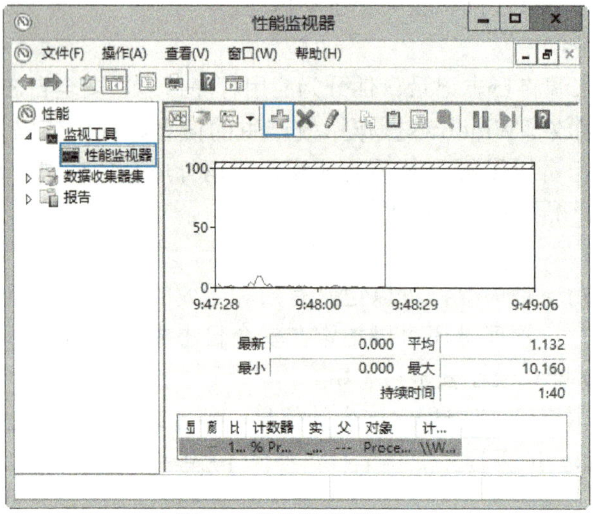

图4-2　性能监视器窗口

知识拓展

在默认状态下，服务器系统性能监视主界面中没有任何内容，这是因为没有添加计数器，此时管理员需要手工添加性能计数器。性能计数器是系统状态或活动情况的度量单位，性能监视器以指定的时间间隔请求性能计数器的当前值。性能监视器共有超过60个基本性能对象，每个对象又包含多个计数器。

3）单击工具栏上绿色的“+”按钮，在弹出的“添加计数器”窗口中选择“本地计算机”选项，如图4-3所示。

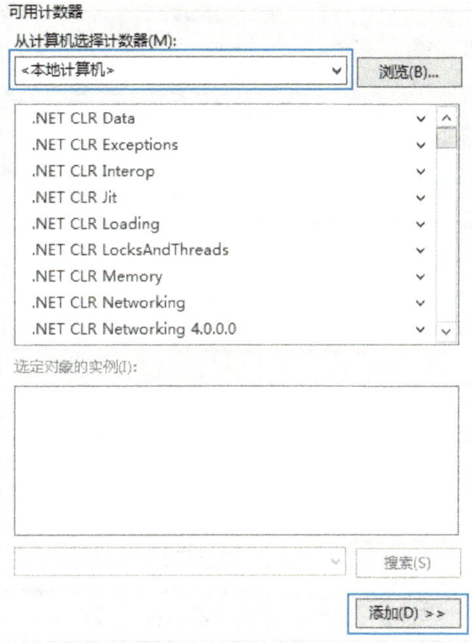

图4-3 打开计数器窗口

4）单击“添加”按钮，从“可用计数器”列表框中选择需要的计数器（一般管理员应重点监测处理器（Processor）、内存（Memory）、磁盘系统（logicalDisk）等性能），选择完毕后单击“添加”按钮即可，如图4-4所示。

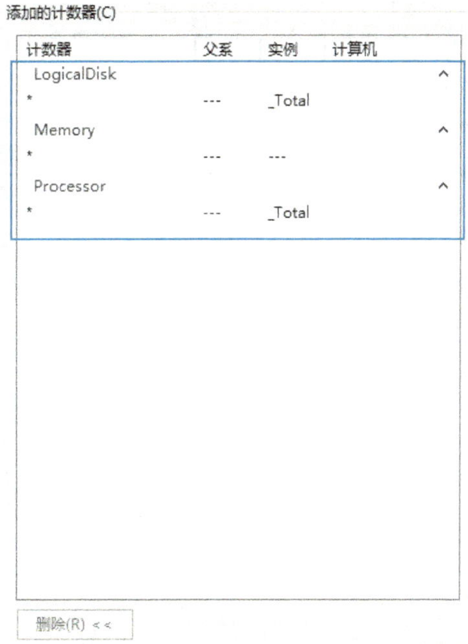

图4-4 添加计数器

5）单击“确定”按钮，完成性能计数器的添加，返回到性能监视器主界面。此时，服务器系统的性能监视工作已经自动开始，系统会把监视的结果以折线图方式显示出来，如图4-5所示。

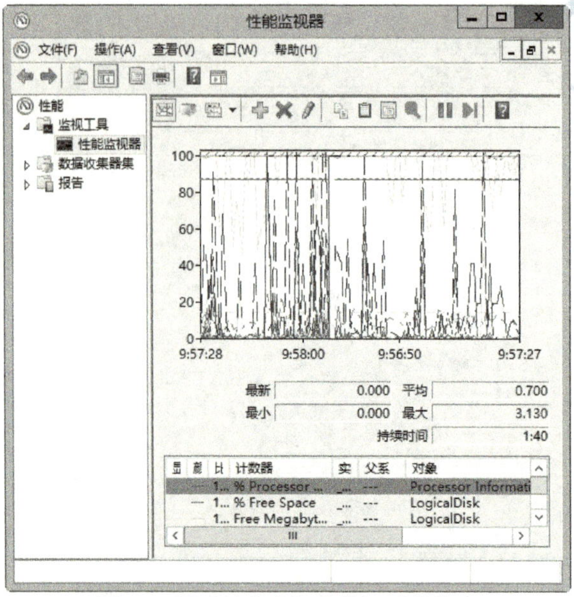

图4-5　通过性能监视器监视系统状态

技能提示

修改性能监视器的显示属性

如果对性能监视器窗口的显示效果不满意，则可以自行修改性能监视器的显示属性。在性能监视器的空白处单击鼠标右键，在弹出的快捷菜单中单击“属性”命令，在弹出的“性能监视器”属性对话框中可以对数据、图表、外观等内容进行设置，设置完毕后，单击“应用”按钮就能使设置生效，如图4-6所示。

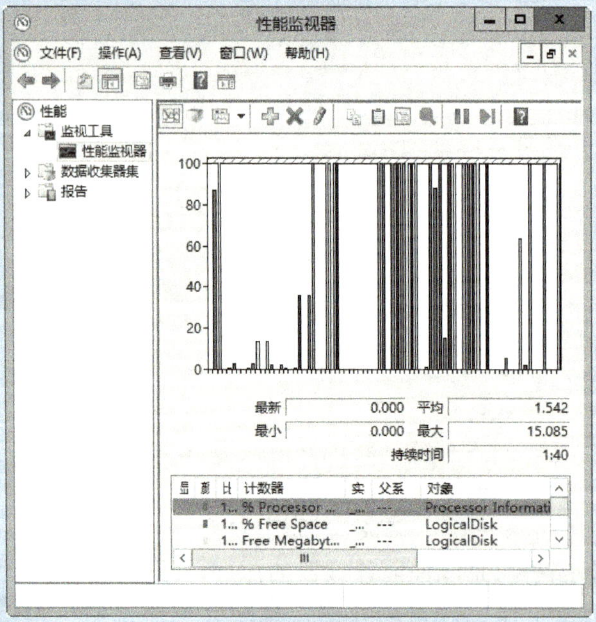

图4-6　采用直方图显示系统性能状态

2. 事件查看器的使用

1）在服务器管理器窗口中单击“工具”菜单下的“事件查看器”命令，打开事件查看器窗口，如图4-7所示。

2）在该窗口的左侧显示区域展开“Windows日志”节点选项，用鼠标双击不同类别的事件（如“系统”“安全”“应用程序”“已转发事件”等）即可以看到相关事件的信息，如图4-8所示。

3）如果想要修改事件查看的显示视图，则可以选中“事件查看器”窗口中右侧操作项中的“创建自定义视图”命令，在弹出的对话框中设置相关选项，如图4-9所示。

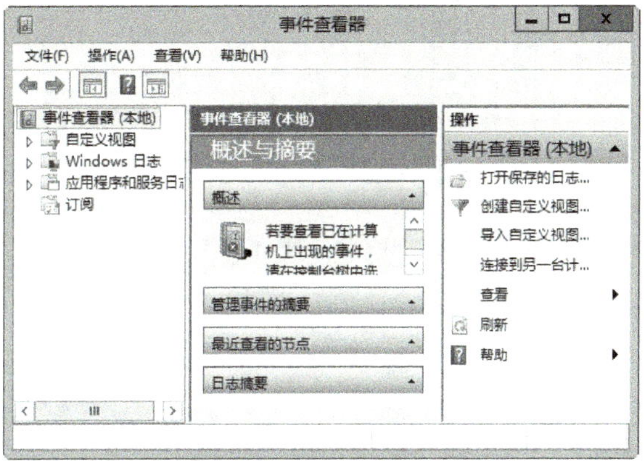

图4-7　事件查看器窗口

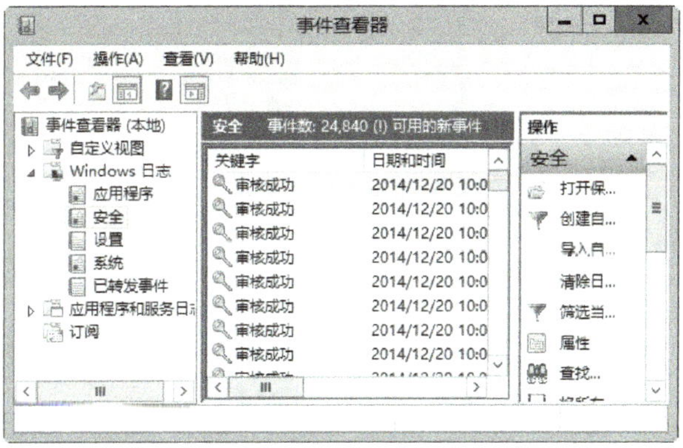

图4-8　Windows日志信息

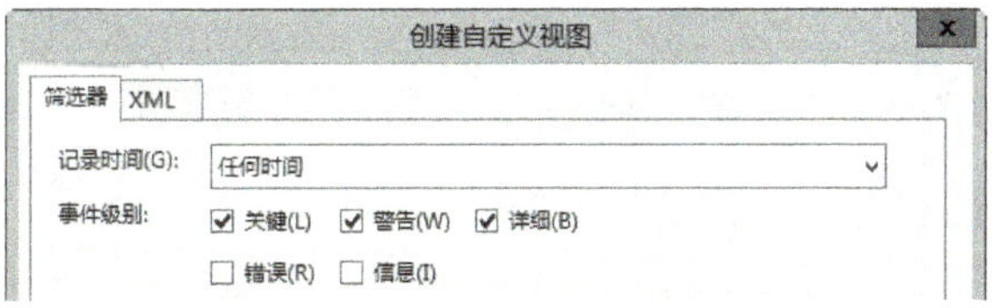

图4-9　创建自定义视图

4）单击“确定”按钮，可以保存自定义的视图方式。对于事件日志，管理员应定期将日志文件进行保存。具体操作为在控制台树中，用鼠标右键单击要保存的日志类型，然后单击“将事件另存为”命令，如图4-10所示。

5）在弹出的“另存为”对话框中设置文件名、保存位置和保存的类型，最后单击“保存”按钮即可完成日志的保存操作，如图4-11所示。

6）如果管理员在管理系统的过程中要调用查看系统的某天的日志，则可以在“事件查看器”控制台窗格用鼠标右键单击某事件类型，在弹出的快捷菜单中单击“打开保存的日志”命令，在弹出的“打开保存的日志”对话框中选择要打开的日志文件，如图4-12所示。

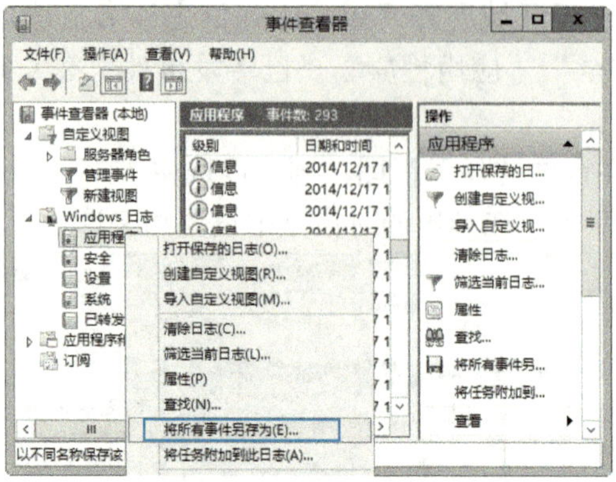

图4-10　保存事件日志

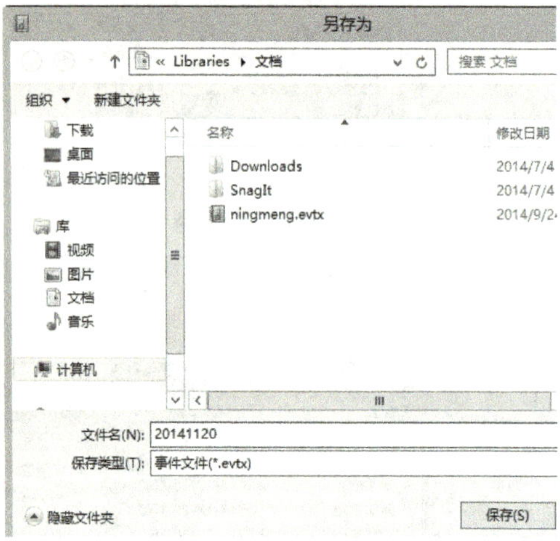

图4-11　确定日志保存位置和类型

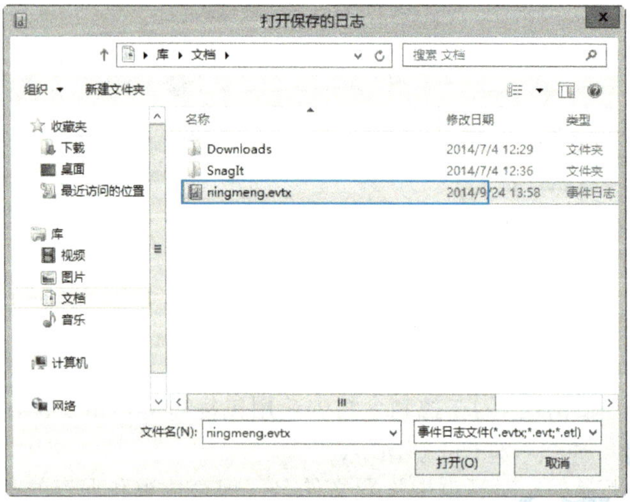

图4-12　打开保存的日志文件

7）单击“打开”按钮，就可以打开需要查看的日志文件。

能力拓展

1）利用性能监视器窗口把当前的系统性能信息和历史信息进行对比，并查看服务器系统以前的性能状态。

① 打开“性能监视”窗口，在“性能监视器”上单击鼠标右键，在弹出的快捷菜单中单击“属性”命令。

② 在弹出的对话框中选择“源”选项卡，设置“数据源”为“日志文件”，选择服务器系统以前生成的日志文件，单击“添加”按钮。如果希望将服务器系统中多个日志文件添加到性能监视器窗口中，则只要再次单击“添加”按钮即可。这样就可以对历史信息进行对比，来判别目前系统状态的信息。

2）利用“事件查看器”，当服务器系统中发生了重要事情时自动弹出提示来提醒网络管理员进行处理。

在默认状态下，Windows Server 2012系统不会对某个故障现象进行自动记录，必须对具体的故障现象进行审核，这样Windows Server 2012系统的事件查看器才能对具体的故障现象进行跟踪记录。创建成功的各个触发任务会自动出现在Windows Server 2012系统的任务计划列表中，进入任务计划列表窗口，就可以对已有触发任务进行管理、设置了。

任务2 管理系统安全

任务背景与分析

1. 客户需求

对于这几台服务器系统，目前已经开启了防火墙和设置了系统补丁自动更新工作，但管理员还是对于系统的安全很担心，希望对系统的安全漏洞问题进行一些设置操作。下面是两人的对话片段：

王主任：系统已经设置了补丁自动更新，开启了防火墙，为了网络系统的安全，还需要做一些什么操作呢？

小 温：这个问题可以通过在系统中设置不同安全策略来解决。

2. 任务分析

可以利用Windows Server 2012系统中的本地安全管理策略对本地计算机系统内的一些安全选项进行设置，完善系统安全，也可以通过设置域安全策略对所有域内计算机的安全性进行管理。

工作流程： 分析服务器系统安全隐患→确定安全策略→设置安全策略选项。

3. 任务工单

根据王主任的要求，对系统进行检查后，小温填写了任务工单，见表4-2。

表4-2 迈联公司工程任务工单

客户名称：××学校网络中心　　　　任务单号：P201406040

现场地点	××学校网络中心机房	日期	2014年9月3日
客户要求	1）修补本地安全系统漏洞 2）设置计算机系统安全漏洞修补策略		
现场环境及参数	3台Windows Server 2012服务器均没有修补安全漏洞		
联系方式	联系人：王主任　联系电话：133××000001	工时	2

4. 核心能力点

（1）安全管理

服务器的安全是一个很重要的问题，它贯穿到许多系统服务功能之中，涉及网络、密码学、认证、文件加密等各个方面。为了达到较高的安全程度，Windows Server 2012提供了一系列措施来保障系统的安全，如加密、数字签名、密钥体系、用户验证等。

（2）认识组策略

简单地说，组策略与修改注册表配置所完成的功能是一样的。组策略使用自己更完善的管理组织方法，可以对各种对象中的设置进行管理和配置，比手工修改注册表方便灵活，功能也更加强大。

（3）组策略对象

组策略对象的容器可以是Active Directory的任何逻辑结构单位，包括站点、域或组织单位（OU）。在设置组策略之前必须创建一个或多个组策略对象，然后通过组策略编辑器设置所创建的组策略对象。

在运行Windows Server 2012系统的每台计算机上都只有一个本地组策略对象。在这些对象中，组策略设置存储在各个计算机上，无论它们是否属于 Active Directory环境或网络环境的一部分。本地策略对象包含的设置要少于非本地组策略的设置，尤其是“安全设置”下。

（4）组策略的分类及作用范围

组策略包括本地策略、站点组策略、默认域控制器组策略、域组策略。它们作用的范围不一样。

本地策略：在客户机上配置的策略。

站点组策略：作用于整个域的所有站点的策略。

默认域控制器组策略：作用于同一域内所有DC的策略。

域组策略：作用于整个域的策略。

任务实施（一） 应用组策略

组策略主要包括本地组策略和域组策略。本地组策略是对服务器系统不同的安全事件设置的规则的集合。

实例1：设置防火墙保护所有连接

1）单击任务栏上的“管理员：Windows PowerShell”按钮，在弹出的运行窗口中输入命令“gpedit.msc”，进入“本地组策略编辑器”窗口，如图4-13所示。

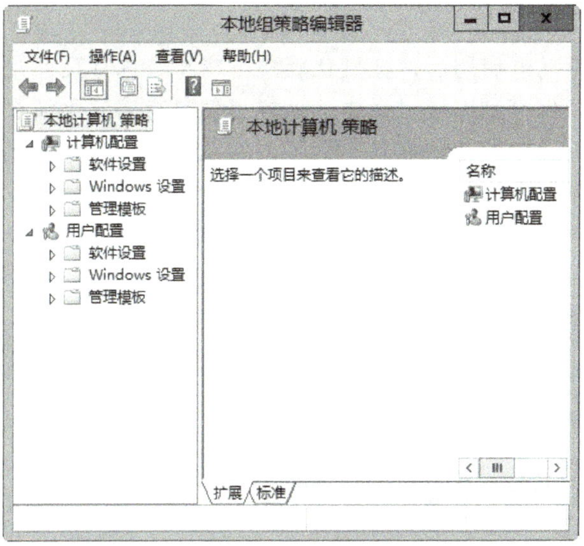

图4-13 “本地组策略编辑器”窗口

2）单击“计算机配置”→“管理模板”→“网络”→“网络连接”→“Windows防火墙”→“标准配置文件”，在“标准配置文件”区域选择“Windows防火墙：保护所有网络连接”组策略选项，如图4-14所示。

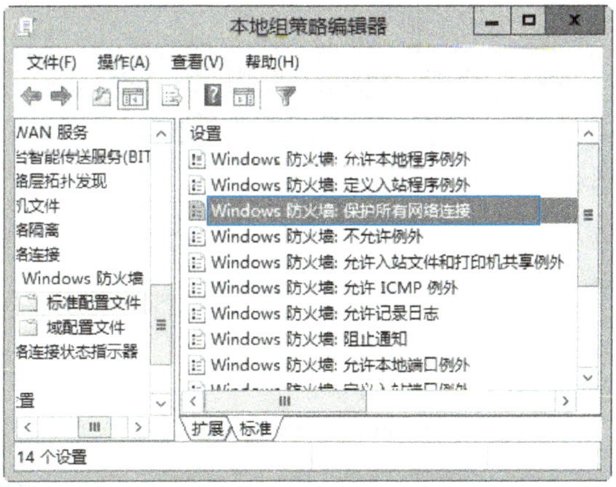

图4-14 选择Windows 防火墙安全策略

3）在弹出的对话框中选中“已启用”单选按钮，单击“确定”按钮，就可以完成服务器系统自带防火墙强行保护所有网络连接的设置，如图4-15所示。

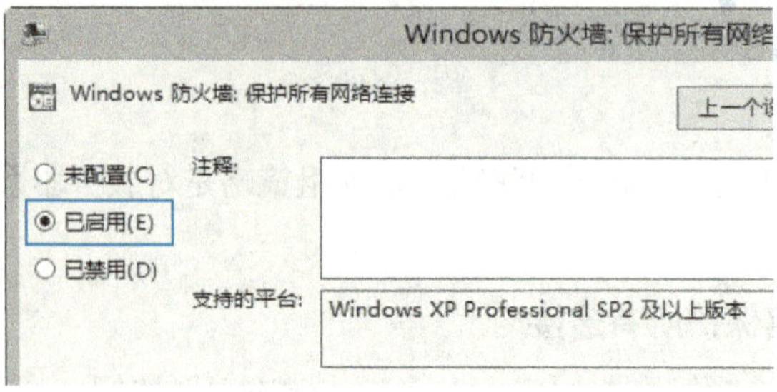

图4-15　设置Windows 防火墙安全策略

实例2：封堵虚拟内存漏洞

当系统的虚拟内存功能启用后，在默认状态下支持在内存页面未使用时，会自动使用系统页面文件将其交换保存到本地磁盘中，这样可使具有访问系统页面文件权限的非法用户访问到保存在虚拟内存中的隐私信息。为了封堵这个虚拟内存漏洞，应设置系统在执行关闭系统操作时，自动清除虚拟内存页面文件，具体操作步骤如下：

1）进入“本地组策略编辑器”窗口，单击“计算机配置”→“Windows设置”→“安全设置”→“本地策略”→“安全选项”，在右侧的“安全选项”列表区域中选择 “关机：清除虚拟内存页面文件”选项，如图4-16所示。

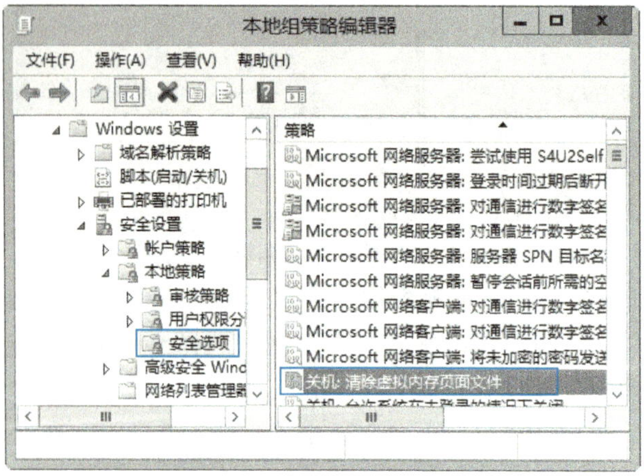

图4-16　选择“关机清除虚拟内存页面文件”

2）用鼠标双击“关机：清除虚拟内存页面文件”选项，在弹出的对话框中选中“已启用”单选按钮，单击“确定”按钮，如图4-17所示。

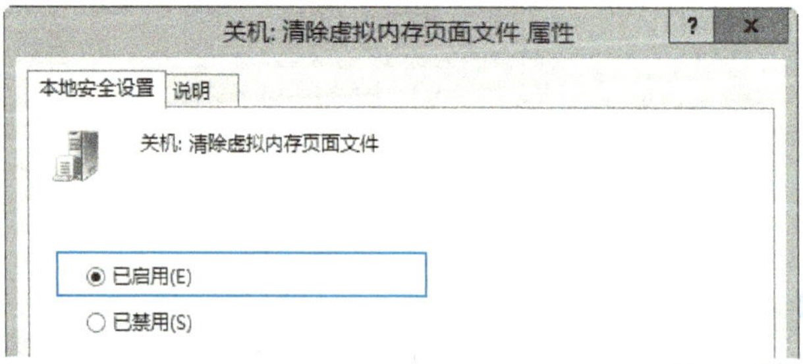

图4-17　设置关机清除虚拟内存页面文件

实例3：封堵特权账号漏洞

与普通服务器系统一样，在默认状态下Windows Server 2012系统仍然会优先使用Administrator账号尝试进行登录系统操作，一些非法攻击者往往也会利用Administrator账号漏洞，来尝试破解Administrator账号的密码，并利用该特权账号攻击重要的服务器系统。为了封堵特权账号漏洞，管理员可以进行如下策略设置操作：

1）在“本地组策略编辑器”窗口中单击“计算机配置”→“Windows设置”→“安全设置”→“本地策略”→“安全选项”，在右侧的“安全选项”列表区域中选择“账户：重命名系统管理员账户”选项，如图4-18所示。

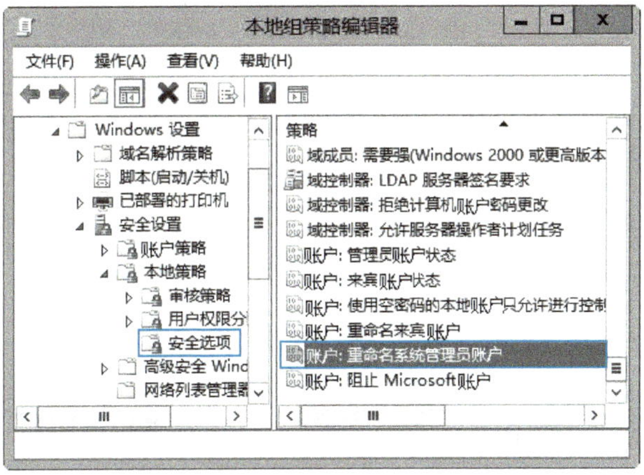

图4-18 选择重命名系统管理员账户策略

2）用鼠标双击“账户：重命名系统管理员账户”选项，在弹出的对话框中为Administrator账号重新设置一个新名称，单击“确定”按钮即可完成封堵系统的特权账号漏洞操作，如图4-19所示。

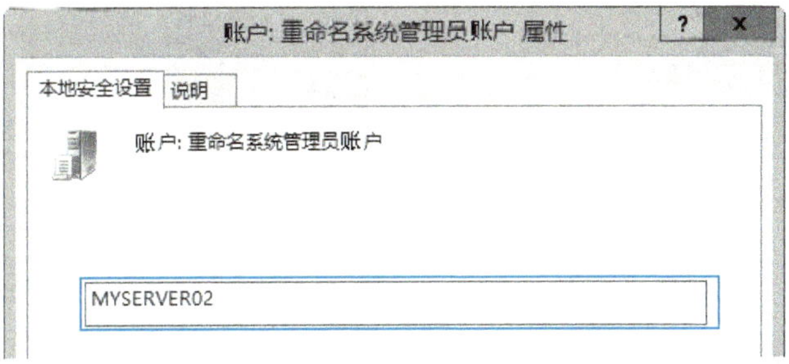

图4-19 设置重命名系统管理员账户策略

任务实施（二） 实施域安全策略

实例：限制使用迅雷进行恶意下载

当用户随意使用迅雷工具进行恶意下载时，不但容易浪费本地系统的磁盘空间资源，而且也会大大消耗本地系统的上网带宽资源。在Windows Server 2012系统环境下，限制域中的普通用户随意使用迅雷工具进行恶意下载可以巧利用该系统中的域安全策略中的软件限制策略来完成，具体实现步骤如下：

1）以系统管理员权限登录进入Windows Server 2012系统，打开“服务器管理器”窗口，单击“工具”菜单下的“组策略管理”命令，弹出“组策略管理”窗口，如图4-20所示。

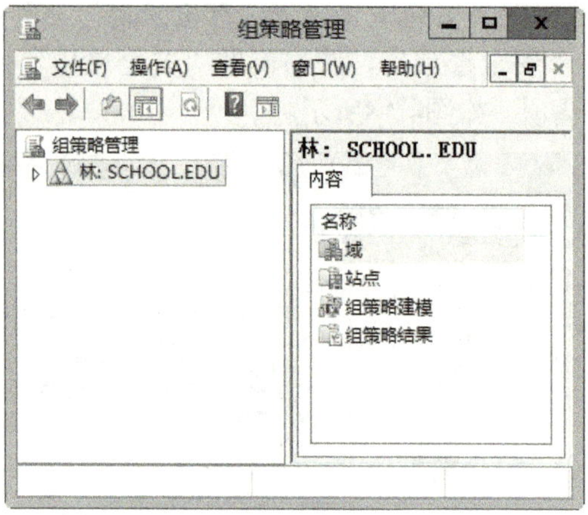

图4-20 “组策略管理”窗口

2）单击“林：SCHOOL.EDU”→“域”→“SCHOOL.EDU”→“Default Domain Policy”，在“Default Domain Policy”上单击鼠标右键，在弹出的快捷菜单中单击“编辑”命令，如图4-21所示。

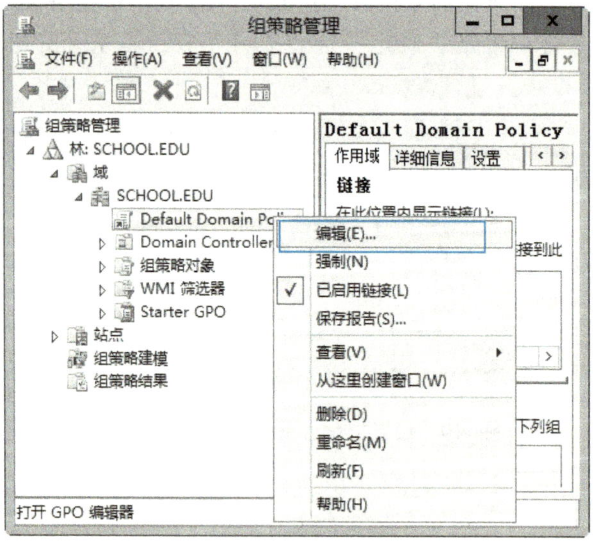

图4-21 打开域组策略编辑器

3）在弹出的域策略管理编辑器中单击“计算机配置”→“策略”→“Windows设置”→“安全设置”→“软件限制策略”，在右侧区域中选择“强制”选项，如图4-22所示。

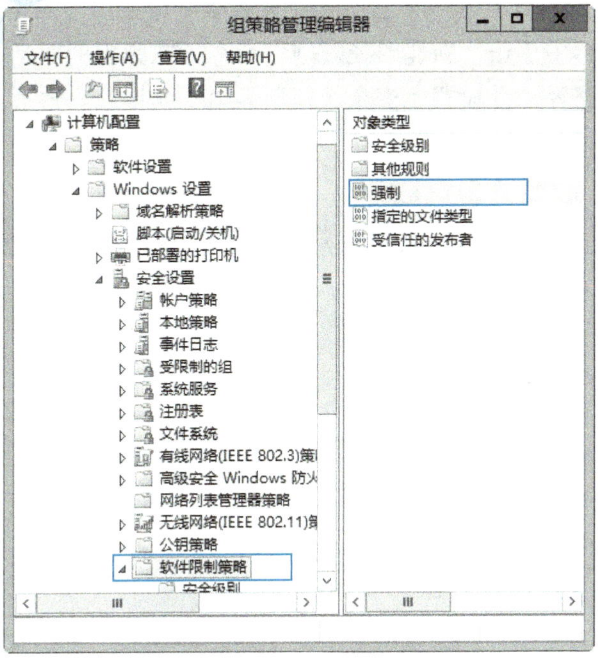

图4-22　选择软件限制策略

技能提示

如果没有软件限制策略，则直接在软件限制策略上单击鼠标右键，在弹出的快捷菜单中单击“新建”命令即可。利用命令行启动“性能监视器”

4）双击“强制”选项，在弹出的“强制属性”对话框中选中“除本地管理员以外的所有用户”单选按钮，其余参数都保持默认设置，如图4-23所示。

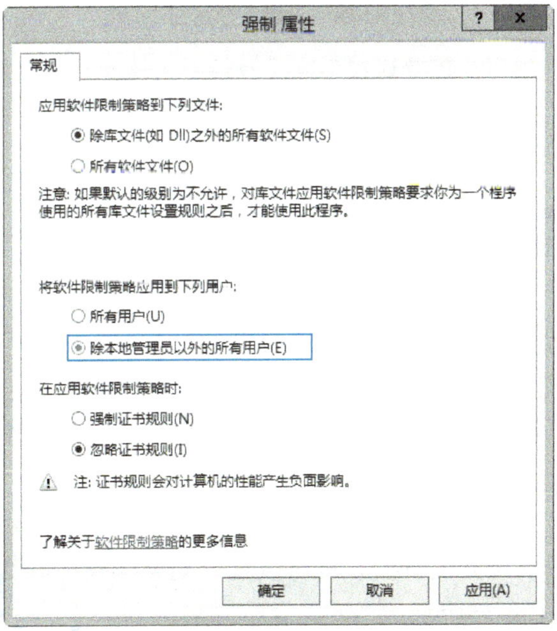

图4-23　设置软件限制策略

5）单击“确定”按钮，用鼠标右键单击“软件限制策略”节点下面的“其他规则”选项，在弹出的快捷菜单中单击“新建路径规则”命令，在弹出的对话框中单击“浏览”按钮，选中迅雷程序的路径，并设置“安全级别”为“不允许”，最后单击“确定”按钮即可完成操作，如图4-24所示。

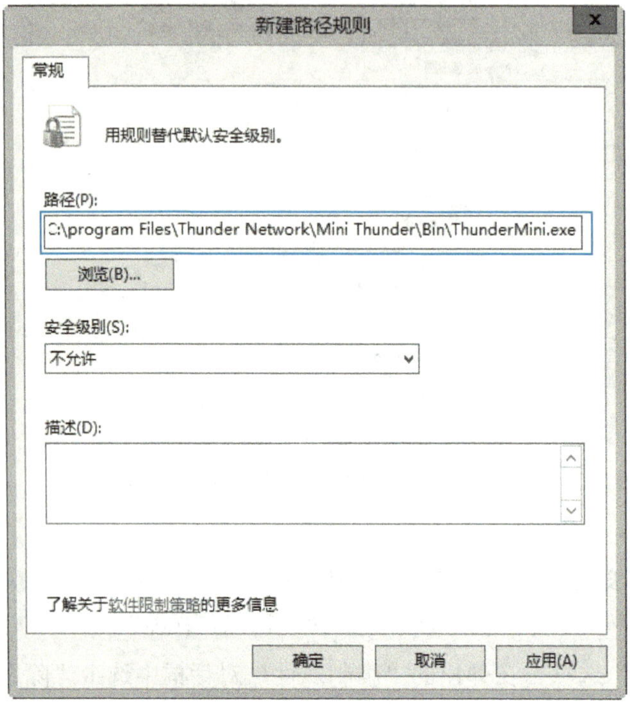

图4-24　设置路径规则

6）重新启动系统，当用户以普通权限账号登录进入该系统后，就不能正常使用迅雷程序进行下载了。

能力拓展

拒绝网络病毒藏于临时文件

为了防止网络病毒隐藏在系统临时文件夹中，可以设置系统的软件限制策略。

操作提示：打开“组策略管理编辑器”窗口，单击“计算机配置”→“Windows设置”→“安全设置”→“软件限制策略”→“其他规则”选项，用鼠标右键单击该选项，在弹出的快捷菜单中单击“新建路径规则”命令，在弹出的对话框中单击“浏览”按钮，选中并导入系统的临时文件夹，同时设置“安全级别”参数为“不允许”，最后单击“确定”按钮，如图4-25所示。

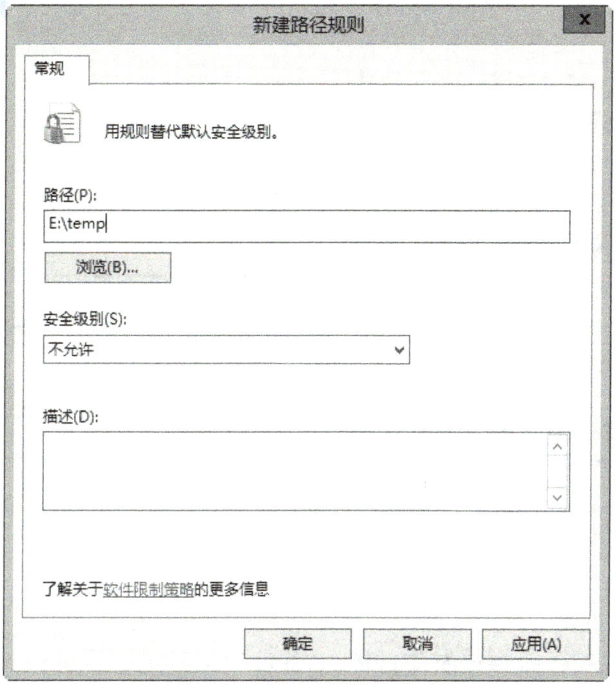

图4-25　设置路径规则

任务3　灾难保护与故障恢复

任务背景与分析

1．客户需求

作为服务器系统，保存在服务器硬盘中的重要数据信息一旦丢失，可能会给网络管理带来致命的损失。当系统在出现问题或崩溃时应能及时实施故障恢复，以避免数据丢失。下面是两人的对话片段：

客　户：服务器系统运行了一段时间后，如果系统出现了问题或者遇到特殊情况崩溃了，应该进行哪些设置完成数据的恢复呢？

工程师：解决这个问题可以利用Server 2012所提供的Windows Server Backup工具来完成。

2．任务分析

服务器系统不能采用传统的网络克隆方式进行数据备份以及恢复，因为网络服务器不是单机，其参数设置信息是动态变化的。在Windows Server 2012中，可以使用系统自带的Windows Server Backup工具完成系统的备份和还原。

工作流程：检查系统状态→启动数据备份功能→系统出现问题时启动系统恢复。

3. 任务工单

根据王主任的要求，小温了解了系统的现状后，填写了任务工单，见表4-3。

表4-3　迈联公司工程任务工单

客户名称：××学校网络中心　　　　　　　　　　　　任务单号：P2014060403

现场地点	××学校网络中心机房	日期	2014年9月8日
客户要求	可以定时备份系统的数据，以防系统出现问题 当服务器系统出现问题时，可以恢复系统		
现场环境及参数	3台Windows Server 2012服务器没有安装任何备份与恢复软件		
联系方式	联系人：王主任　联系电话：133××000001	工时	2

4. 核心能力点

（1）系统备份与恢复

如果系统的硬件或存储媒体发生故障，“备份”工具可以保护数据免受意外的损失。例如，可以使用“备份”创建硬盘中数据的副本，然后将数据存储到其他存储设备。备份存储媒体既可以是逻辑驱动器（如硬盘）、独立的存储设备（如可移动磁盘），也可以是由自动转换器组织和控制的整个磁盘库或磁带库。如果硬盘上的原始数据被意外删除或覆盖，或因为硬盘故障而不能访问该数据，那么可以十分方便地从存档副本中还原该数据。

（2）安装Windows Server Backup服务

在Windows Server 2012中，利用Windows Server Backup组件程序实现数据的备份与恢复。在默认状态下，Windows Server Backup组件没有被安装，所以要想进行数据备份与恢复工作，必须先将该组件程序安装好。在“服务器管理器”窗口中单击“添加角色和功能”选项，安装Windows Server Backup组件程序，如图4-26所示。之后依次单击“下一步”按钮即可完成安装。

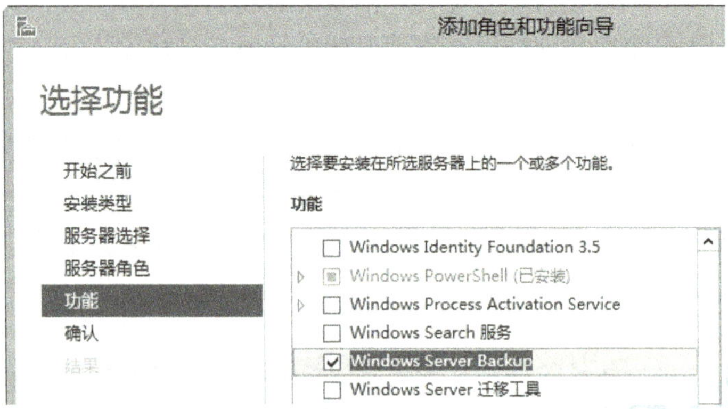

图4-26　添加Windows Server Backup组件

任务实施　数据备份与恢复

1）在“服务器管理器”窗口中单击“工具”→“Windows Server Backup”命令，弹出Windows Server Backup窗口，单击右侧显示区域中的“备份计划”选项，如图4-27所示。

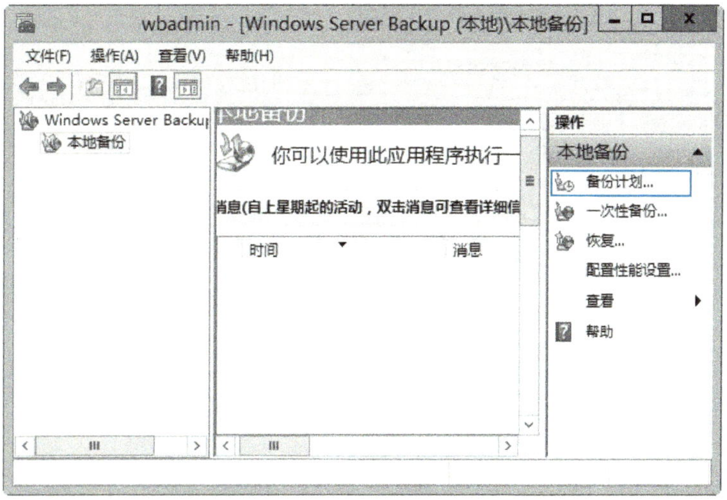

图4-27　选择“备份计划”

2）在弹出的“备份计划向导”对话框中单击“下一步”按钮后，选中“自定义”单选按钮，如图4-28所示。

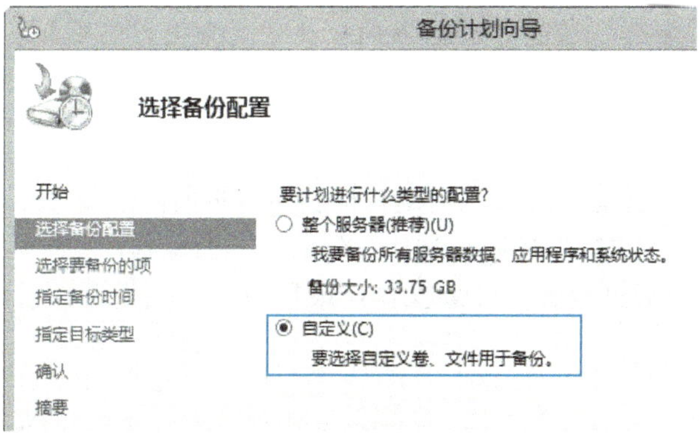

图4-28　选择自定义备份配置

3）单击“下一步”按钮进入“选择要备份的项”页面，单击“添加项目”按钮添加要备份的磁盘，这里选择C盘，如图4-29所示。

4）单击“确定”按钮后，单击“下一步”按钮，进入“指定备份时间”页面，根据向导提示设置好备份时间参数，如图4-30所示。

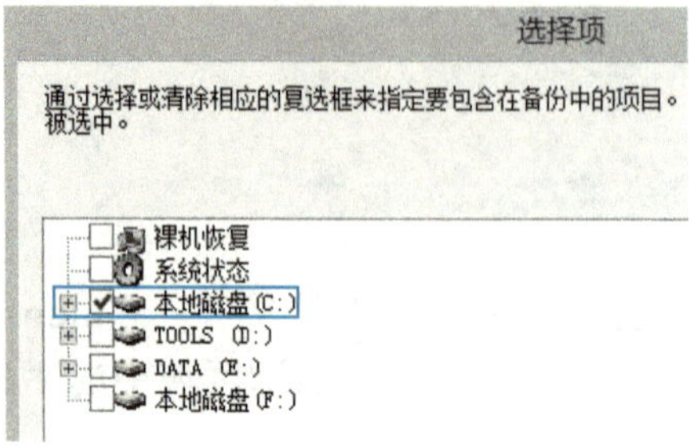

图4-29　选择备份项

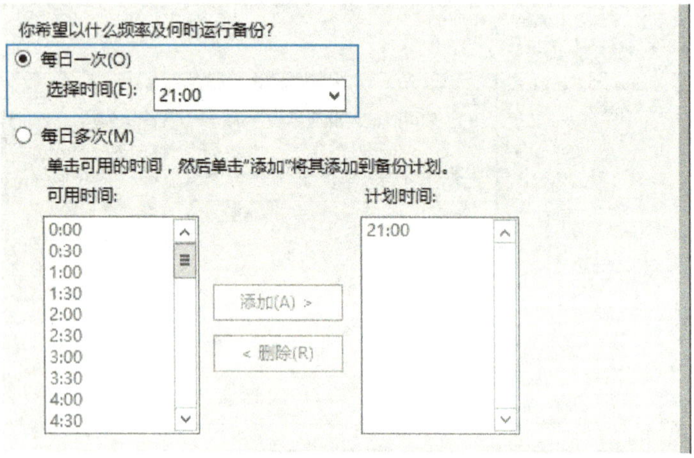

图 4-30　指定备份时间

技能提示

频繁执行数据备份操作会影响服务器系统的工作状态。如果要对重要数据信息所在的磁盘分区进行备份操作，就要根据数据的重要程度来选用“每天多次”备份选项了，每次备份的具体时间可以根据实际情况进行指定，然后将每次备份的时间点逐一加入到“已计划的时间”列表中。

5）单击“下一步”按钮，进入“指定目标类型”页面，选择“备份到卷”选项后单击“下一步”按钮，单击“添加”按钮，添加备份要保存的位置，如图4-31所示。单击“下一步”和“完成”按钮完成创建备份计划操作，最后单击“关闭”按钮，退出数据备份向导对话框即可。

图4-31　设置存储类型与位置

技能提示

如果考虑到保管和携带的问题，也可以将存储目标设置为DVD光盘。将DVD空白光盘放入对应光驱中，选中“本地驱动器”选项，单击“下一步”按钮，从弹出的设置窗口中选中DVD刻录光驱对应的盘符，同时选中“写入后验证”选项，单击“备份”按钮，就可以执行备份操作了。如果光盘的容量不够，Backup功能能自动地将待备份的数据内容分割存储在多张不同的DVD光盘中。

6）到了事先约定的备份时间时，Windows Server Backup组件程序就会自动根据设定参数进行数据备份操作了，如图4-32所示。

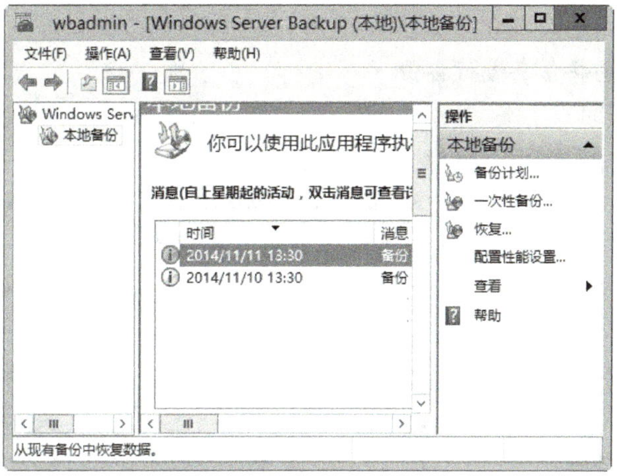

图4-32　备份信息窗口

7）系统运行了一段时间后，如果想要进行恢复操作，在“Windows Server Backup”窗口中单击“恢复”按钮，在弹出“恢复向导”对话框中选中“此服务器”单选按钮（如果目标备份文件位置在网络文件夹中，则可以选择 “在其他位置存储备份”选项），如图4-33所示。

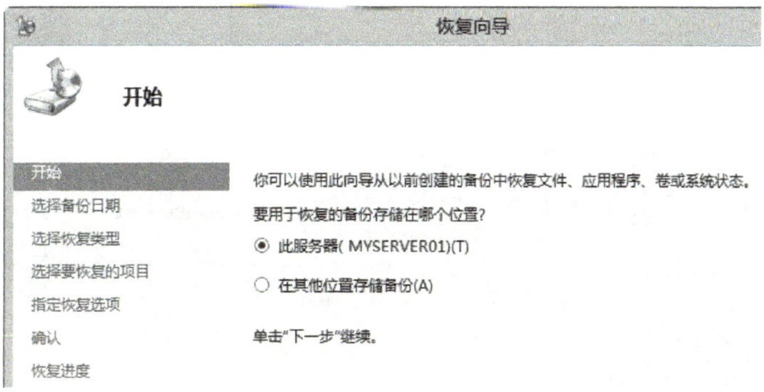

图4-33　恢复向导

8）依次单击“下一步”按钮，选择备份日期、恢复类型，最后单击“确认”按钮即可自动进行数据恢复操作，备份日期如图4-34所示。

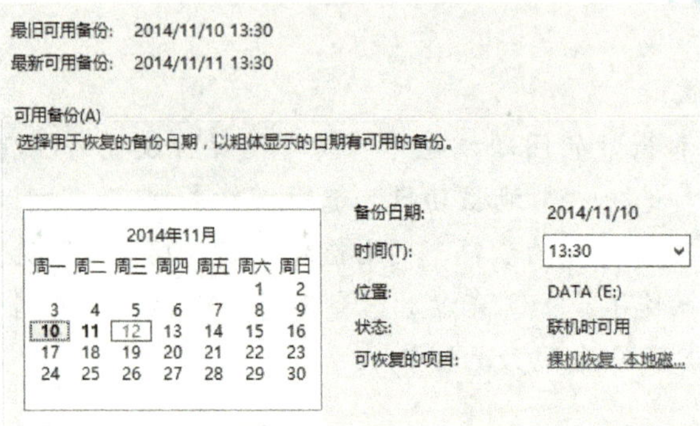

图4-34　选择备份日期

知识拓展

1．禁止用户对重要信息进行备份

对于系统中保存的一些重要信息，可以修改Windows Server 2012系统的组策略参数，禁止任何用户对重要信息所在的磁盘分区进行备份。

1）单击任务栏上的“管理员：Windows Power Shell”按钮，在弹出的运行窗口中输入命令“gpedit.msc”，进入“本地组策略编辑器”窗口。

2）单击“计算机配置”→“管理模板”→“Windows组件”→“备份”→“服务器”，在“服务器”分支选项下面选择“仅允许系统备份”选项，并双击该选项在弹出的“仅允许系统备份”对话框中选择“已启用”选项，最后单击“确定”按钮即可完成操作。

2．执行增量备份操作

为了提高数据备份效率，可以通过设置系统的数据备份功能，执行增量备份操作。

1）打开Windows Server Backup窗口，选择“配置性能设置”选项，进入“优化备份性能”对话框。

2）在该对话框中选中“自定义”单选按钮，并在“备份选项”下拉列表中选择“增量备份”选项，最后单击“确定”按钮即可以完成自动增量备份操作，如图4-35所示。

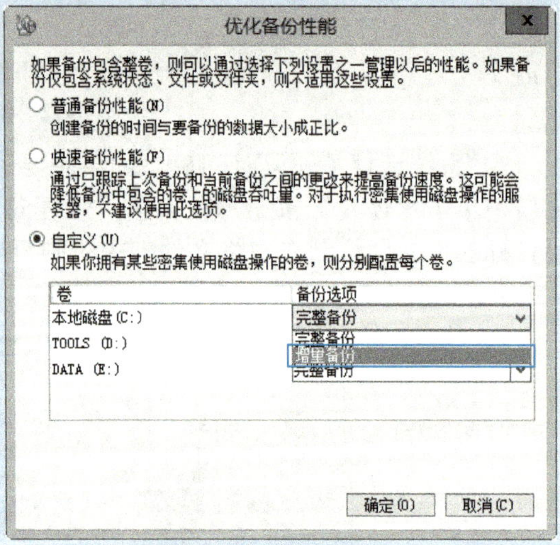

图4-35　优化备份性能

能力拓展

在海星网络有限公司组建的小型网络的MYSERVER01服务器上进行如下操作：

1）查询当前系统安装的服务以及正在运行的服务。

2）进入服务器管理器，对系统性能进行监视，要求能对处理器、内存、磁盘访问的性能计数器进行添加和观察。

3）打开事件查看器，查看系统日志，对事件信息进行查看，保存该类事件在D盘用户目录下。

4）设置安全策略，要求对系统账号添加进行监控，强制用户修改管理员用户名。

5）设置安全策略，设置系统用户密码（长度必须大于8位）。

6）完成对系统数据备份操作。

单元知识总结

在本单元的学习中，通过对服务器系统性能与安全管理的学习，应掌握Windows Server 2012的系统性能监视、事件查看器的使用操作，会添加性能计数器，会创建日志和查看日志。会对系统进行安全策略设置和系统数据备份与恢复操作。了解计数器、性能对象、安全策略等相关术语的含义。学习单元自我评价表，见表4-4。

表4-4　学习单元自我评价表

	学习目标	核心能力点	自我评价
职业岗位能力	掌握系统性能监视与优化操作，了解性能监视器、计数器、性能对象、事件查看器	能利用性能监视对系统进行监视	
		会添加性能计数器	
		会利用事件查看器创建日志文件	
		了解日志文件的分类	
	了解安全管理、组策略、组策略对象和组策略分类等理论知识。会对本地安全策略和域安全策略进行设置	会设置本地安全策略，如“防火墙保护所有连接”“封堵虚拟内存漏洞”“封堵特权账号漏洞”	
		会设置域安全策略，如限制使用迅雷进行恶意下载、拒绝网络病毒藏于临时文件	
		了解什么是组策略，什么是组策略对象等概念	
	会安装备份与恢复组件 会对系统进行备份操作 会对系统进行恢复操作	掌握Windows Server Backup组件的安装方法	
		掌握系统备份的操作方法	
		掌握系统恢复的操作方法	
		会系统按照增量的方式进行系统备份	
通用能力	沟通表达能力		
	解决问题能力		
	综合协调能力		

学习单元5
搭建DHCP与DNS服务器

单元情境与学习目标

在企业中搭建内部信息网络时，一般需要在网络中建设DHCP服务器，用来实现动态地为网络中的计算机分配和管理IP地址。网络内部的计算机在访问域名地址时，使得域名解析频率过度频繁，产生大量的上网流量，在内网中安装DNS服务器可以节省内网域名解析占用上网流量，同时可以解析内网服务器的IP地址，对于域环境的计算机可以通过内网的DNS定位域控制器。

某学校以前为职工计算机分配静态IP地址，当IP地址段变化时，重新分配管理任务烦琐，容易出错，同时学校内部的Web网站的地址不容易记忆，使用起来很不方便，公司派工程师小温去解决这个问题。

针对IP分配出现的上述问题，工程师小温提出采用DHCP动态分配IP的模式。简单地说，就是主机不再固定享有IP地址，由DHCP服务器系统根据其申请自动分配。同时，针对Web网址难以记忆的问题，通过建立公司内部的DNS域名服务器来解决。

配置DHCP、DNS服务器的基本流程：和客户确认服务器安装完成→查看系统的基本配置→安装DHCP、DNS服务→配置服务器参数→测试服务器。

单元学习目标

知识要求

了解TCP/IP网络IP地址的管理方法， DNS、DHCP服务器基本概念，掌握IP地址分配、IP地址的动态管理，掌握域名和解析原理。

工作任务要求

1）能配置网络服务器的参数。

2）能规划网络IP地址分配和域名设置。

3）能完成DHCP服务器安装及相关配置。

4）能配置DHCP客户端并获取IP地址。

5）能完成DNS服务器安装与管理。

6）能完成客户端的测试与DNS服务器的注册。

任务1　配置DHCP服务

任务背景与分析

1. 客户需求

某学校网络中心的王主任反映这样一个问题，在组建网络时要为网络中的每台计算机配置静态的IP地址，在分配过程中需要手动分配，非常麻烦，而且在管理中也经常出现IP冲突的现象，以及给各部门分配的地址段不能完全利用，造成IP地址资源浪费。下面是两人的对话片段：

客　户：学校在组建网络的过程中给各部门的计算机分配IP，部门人员的IP地址总是会出现冲突的现象，如何解决这样的问题呢？

工程师：王主任，要解决这个问题，建议将网络中的IP地址分配模式改成动态分配，只要在网络服务器中安装DHCP服务器，让用户的计算机自己动态获取IP地址。

客　户：那具体要怎么做呢？

工程师：首先，在已安装网络操作系统的服务器上安装DHCP服务器，启动DHCP服务器，工作时，当其他客户计算机启动时，将自动与DHCP服务器联系，DHCP服务器会为其自动分配IP地址参数。

客　户：那好，接下来就来安装一台DHCP服务器吧。

2. 任务分析

根据该校校园网络的业务需求，需要选择一台服务器安装DHCP服务，并按照合同要求实施配置过程。

工作流程：确认用户需求与功能分析→填写安装工单→安装DHCP服务器角色→创建作用域→配置作用域（确定分配的IP地址范围、设置保留IP地址、设置租用期限，默认网关IP地址参数等）。

3. 任务工单

根据客户的要求，工程师小温填写任务工单，主要包括服务器参数、IP地址范围等。工单内容见表5-1。

表5-1　迈联公司工程任务工单

客户名称：××学校网络中心　　　　　　任务单号：P2014060501

现场地点	××学校网络中心机房		日期	2014年10月5日
客户要求	1）检查配置服务器参数 2）安装DHCP服务 3）完成配置DHCP服务，设置IP地址范围（172.16.188.1～172.16.188.100），子网掩码的长度为“255.255.0.0” 4）完成各部门的参数设置			
现场环境及参数	配置计算机名称为MYSERVER01 服务器IP地址设置为172.16.188.2			
联系方式	联系人：王主任	联系电话：133××000001	工时	8

4. 核心能力点

在网络操作系统中安装和配置DHCP服务器，使用DHCP动态主机配置协议为网络中每个客户机提供自动分配IP地址的服务，需要安装好一台网络操作系统的服务器，配置相应参数，并在服务器管理器中添加角色，管理配置相应的服务。

在完成本任务前，现场工程师必须了解以下知识点和能力点。

1）DHCP。DHCP（动态主机配置协议）基于客户与服务器模式，为网络中客户端自动提供一个IP地址、子网掩码、默认网关以及DNS服务器的地址。当DHCP客户端启动时，它会自动与DHCP服务器通信，由DHCP服务器为DHCP客户端提供自动分配IP地址的服务。

2）DHCP工作原理。DHCP服务采用UDP，主要通过客户机传送广播数据包给网络中的DHCP服务器，DHCP服务器响应客户机的IP参数请求并为其分配IP地址。DHCP客户机获取IP地址的过程称为DHCP租借过程，其工作过程如图5-1所示。

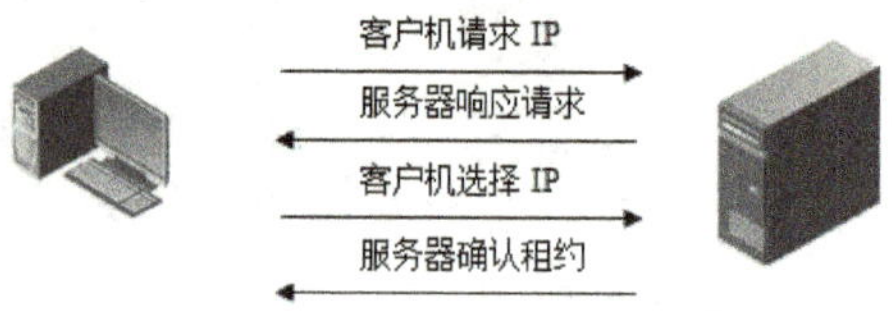

图5-1　DHCP工作过程

3）IP作用域。IP作用域是一个IP子网中所有可分配的IP地址的连续范围。在DHCP服务器内必须设置一个IP作用域。当DHCP服务器请求IP地址时，DHCP服务器就可以从该作用域内获取未分配的IP地址，并将其分配给该DHCP客户端。

4）DHCP服务器测试。将客户机的TCP/IP属性设置为自动获取时，在命令栏中输入ipconfig/all即可看到IP分配成功。

5）安装DHCP服务器，选择“服务器管理器”，添加DHCP服务器角色。

6）配置DHCP服务器，启动DHCP服务器，添加作用域，配置DHCP相关参数，添加IP分配范围以及排除IP范围。

7）测试DHCP服务器，设置客户端本地连接属性，配置IP地址为自动获得IP地址，DNS服务为自动获得。通过命令提示行查看客户机的IP配置。

任务实施　安装、管理DHCP服务器

动态主机配置协议允许服务器将IP地址分配或租用给已作为DHCP客户端启用的计算机和其他设备，在网络上部署DHCP服务器将为计算机和其他基于TCP/IP的网络设备提供有效的IP地址。安装DHCP服务之前，先检查Server服务器的相关参数，将服务器的名字设置为MYSERVER01，IP地址为172.16.188.2，规划子网、作用域和排除范围。

知识拓展

IP地址管理方法：

网络是基于TCP/IP进行通信和连接的，每一台主机都有一个唯一的标识固定的IP地址。

在网络规划中，IP地址管理方法至关重要。IP地址是网络上计算机的唯一标识。根据RFC791的定义，IP地址由32位二进制数组成（4个字节），表示为用圆点分成每组三位的12位十进制数字（×××.×××.×××.×××）每个三位数代表8位二进制数（1个字节）。由于1个字节所能表示的最大数为255，因此IP地址中每个字节可含有0～255之间的值。255代表广播地址，IP地址中0用于指定网络地址号。

根据IP地址中表示网络地址字节数的不同，将IP地址划分为3类：A类、B类、C类。A类用于超大型网络（百万结点），B类用于中等规模的网络（上千结点），C类用于小网络（最多254个结点）。A类地址用第一个字节代表网络地址，后三个字代表结点地址。B类地址用前两个字节代表网络地址，后两个字节表示结点地址。C类地址则用前三个字节表示网络地址，第四个字节表示结点地址。

网络设备根据IP地址的第一个字节来确定网络类型。A类网络第一个字节的第一个二进制位为0，B类网络第一个字节的前两个二进制位为10，C类网络第一个字节的前三位二进制位为110。换成十进制，则A类网络地址为1～127，B类网络地址为128～191，C类网络地址为192～223。224～239间的数有时称为D类，239以上的网络号保留。

子网掩码用于找出IP地址中网络及结点地址部分。子网掩码长32位，其中1表示网络部分，0表示结点地址部分。例如，一个结点IP地址为192.168.202.195，子网掩码为255.255.255.0，表示其网络地址为192.168.202，结点地址为195。

DHCP的安装步骤如下：

1）打开服务器管理器，选择添加服务器角色，启动添加角色和功能向导，根据向导提示，在安装类型对话框中，选中“基于角色或基于功能的安装”单选按钮，如图5-2所示。

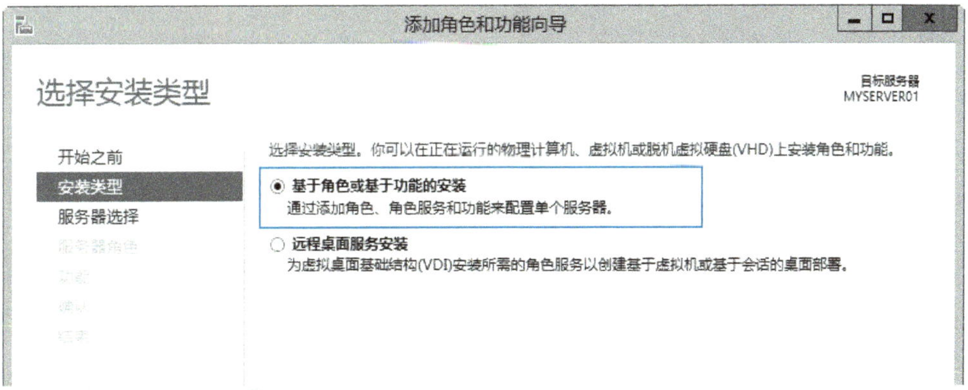

图5-2　选择安装类型界面

2）在服务器选择窗口中，选中“从服务器池中选择服务器”，单击“下一步”按钮，如图5-3所示。

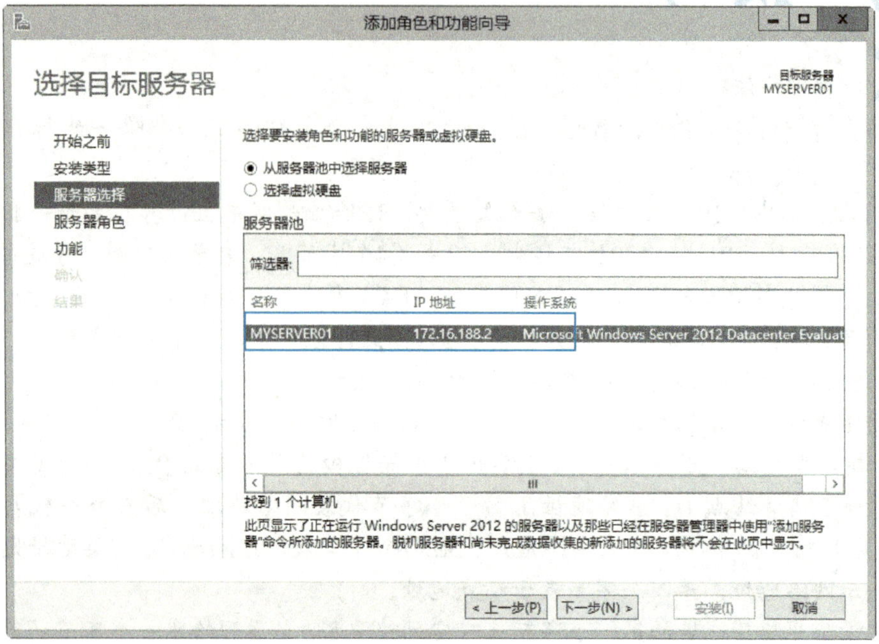

图5-3　选择目标服务器

3）如图5-4所示，在选择服务器角色中选中“DHCP服务器”复选框，将DHCP服务器以角色的形式添加到服务器中。

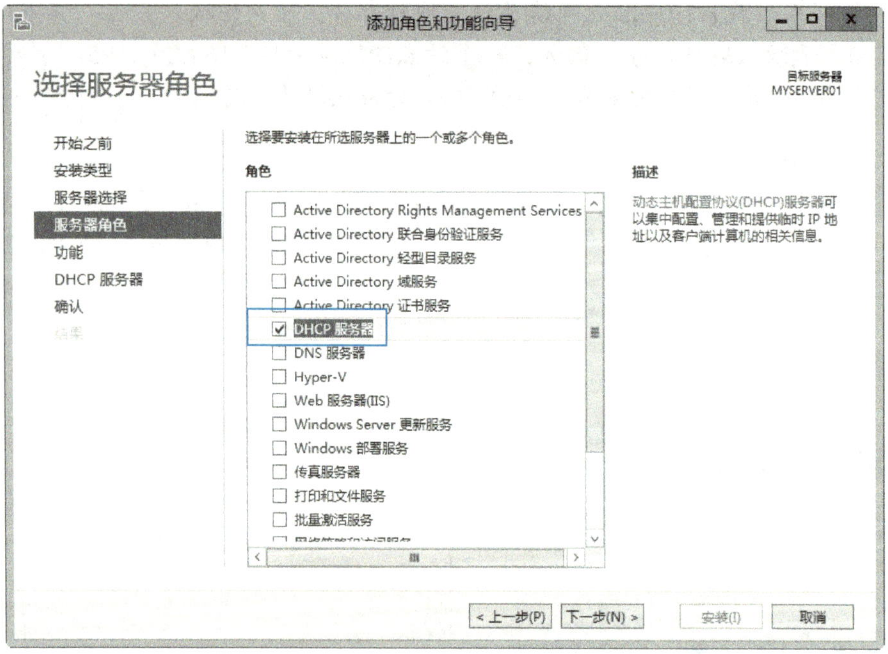

图5-4　选择DHCP服务器

4）选中DHCP服务器角色的同时，添加该角色所需要的功能→DHCP服务器工具，如图5-5所示。

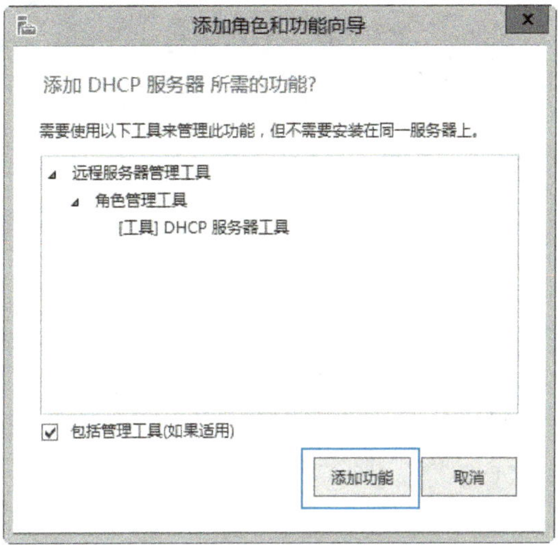

图5-5　添加DHCP管理工具

5）根据向导单击“下一步”按钮，检查安装所选设置，确认无误后，单击“安装”按钮完成DHCP服务器的安装，如图5-6所示。

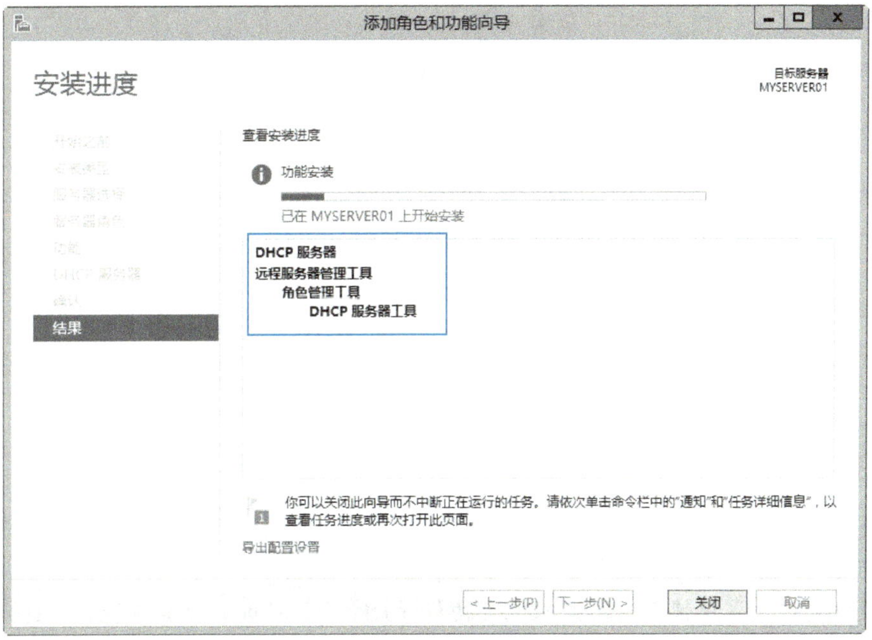

图5-6　确认安装

配置DHCP服务器的方法如下：

1）在服务器管理器中单击“工具”→“DHCP”命令，打开DHCP管理窗口，如图5-7和图5-8所示。

2）单击“MYSERVER01”→“IPv4”，用鼠标右键单击IPv4，在弹出的快捷菜单中单击“新建作用域”命令，设置新的作用域，划出分配给网络中请求IP的计算机用户的地址范围，如图5-9所示。

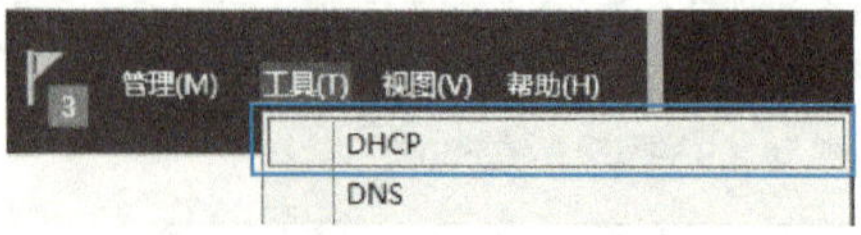

图5-7　打开DHCP窗口

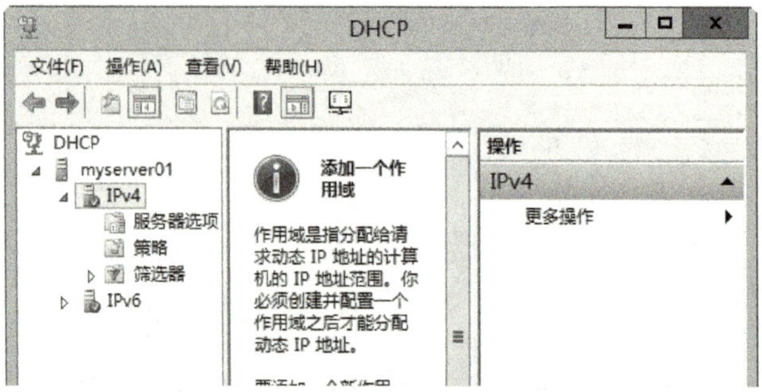

图5-8　DHCP管理窗口

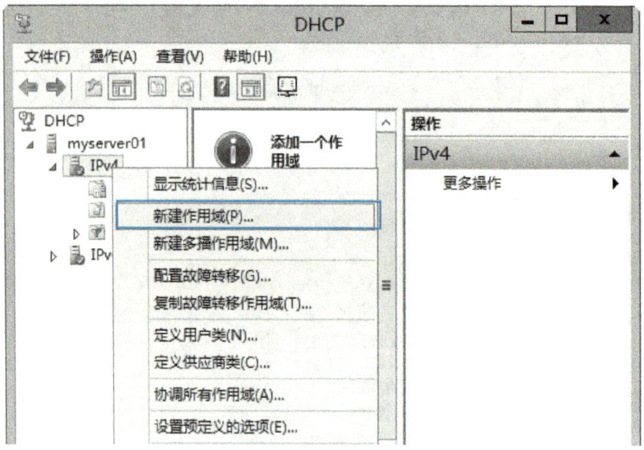

图5-9　新建作用域

知识拓展

作用域是指分配给请求动态IP地址的计算机的IP地址范围。DHCP服务器首先必须创建一个作用域，然后才能分配动态的IP地址。

作用域是对子网中使用动态主机配置协议（DHCP）服务的计算机进行的IP地址管理性分组。管理员首先为每个物理子网创建一个作用域，然后使用该作用域定义客户端所用的参数。作用域具有下列属性。

IP地址的范围。可在其中包含或排除用于提供DHCP服务租用的地址。

子网掩码。用于确定特定IP地址的子网。

租用期限值。这些值被分配到接收动态分配的IP地址的DHCP客户端。

3）根据新建作用域向导提示，单击“下一步”按钮，进入作用域名称对话框，在“名称”文本框中输入“MYDHCP”，填写作用域分配的相关描述，如图5-10所示。

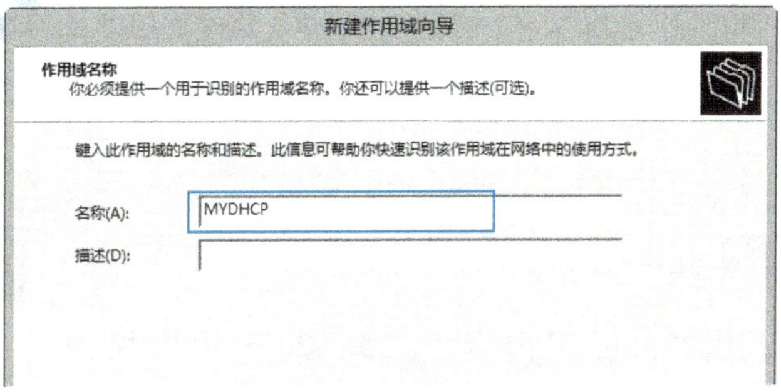

图5-10　作用域名称

4）在IP地址范围对话框中，输入此作用域分配的地址范围为“172.16.188.1”～“172.16.188.100”，子网掩码的长度为“255.255.0.0”，如图5-11所示。

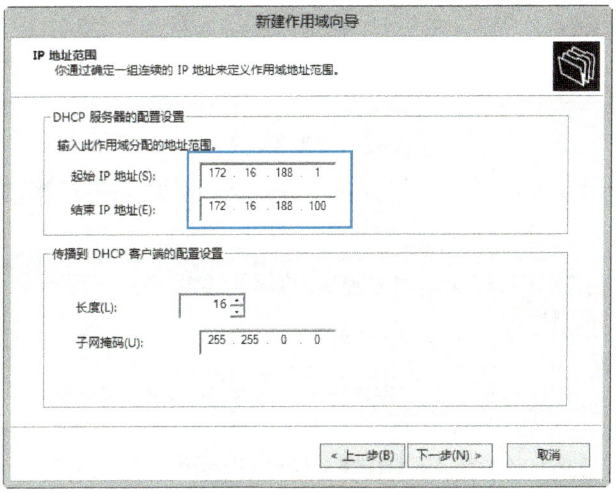

图5-11　IP地址范围

5）在添加排除和延迟对话框中，填写服务器不分配的地址或排除的IP地址范围，可以在起始IP地址和结束IP地址各填写一个，划出多个排除范围，也可以在“起始IP地址”中填写个别排除的IP地址，设置好后，单击“添加”按钮完成添加排除，如图5-12所示。

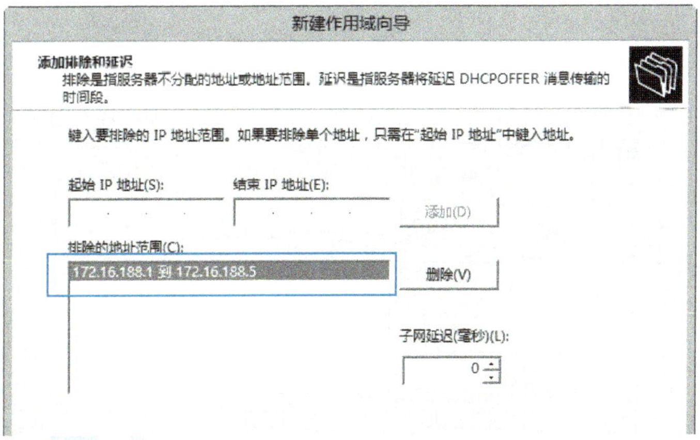

图5-12　添加排除和延迟

6）在租用期限对话框中，设置客户端从此作用域获得的IP地址的使用时间长短，默认时间限制为8天，如图5-13所示。对于固定的台式计算机组成的稳定网络，设置较长的租用期限更合适。

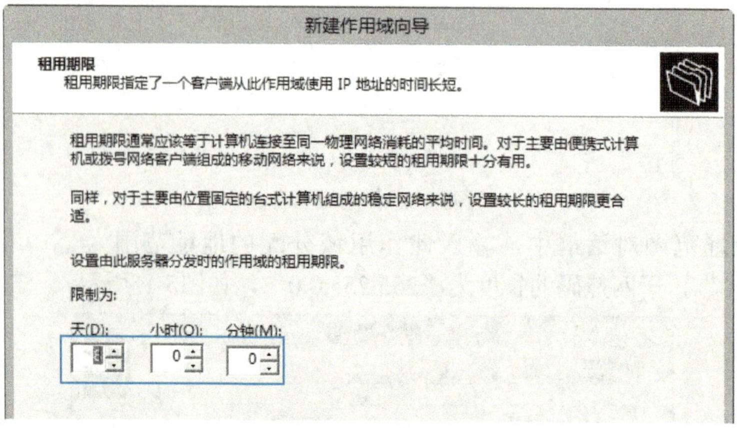

图5-13　设置租用期限

7）在配置DHCP选项对话框中，配置客户端获得地址后为客户端指定DHCP选项，如图5-14所示。

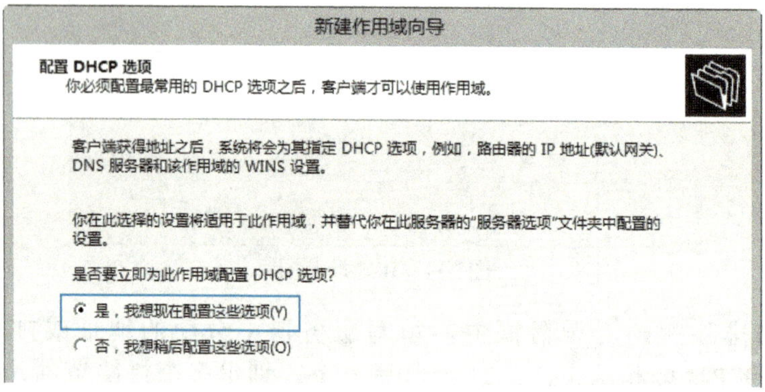

图5-14　配置DHCP选项

8）在路由器对话框中，添加客户端使用的路由器的IP地址，如图5-15所示。

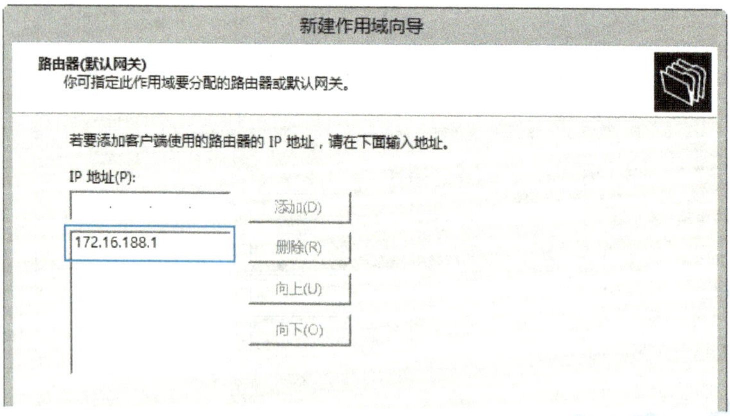

图5-15　设置路由器地址

9）在域名称和DNS服务器对话框中，指定网络中的客户端计算机用于解析DNS名称的父域，并输入DNS服务器的IP地址，如图5-16所示。

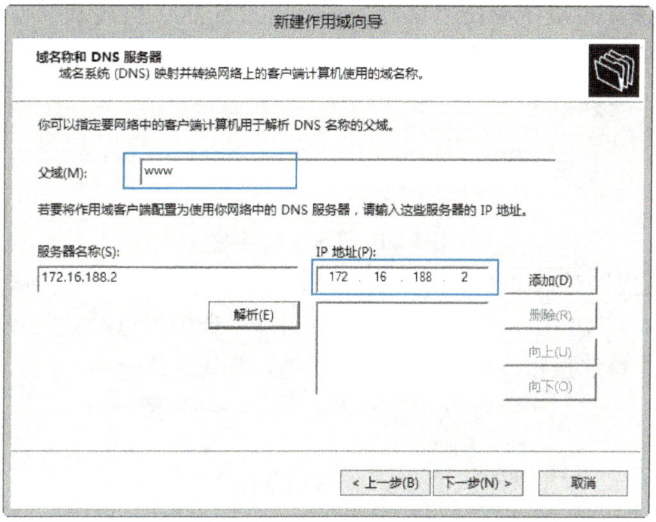

图5-16　设置域名称和DNS服务器

10）单击“下一步”按钮，弹出“DNS验证”对话框，验证DNS服务器的服务是否在172.16.188.2上运行。验证通过后，根据向导提示连续单击“下一步”按钮，设置完成后，激活作用域，如图5-17和图5-18所示。

图5-17　DNS验证

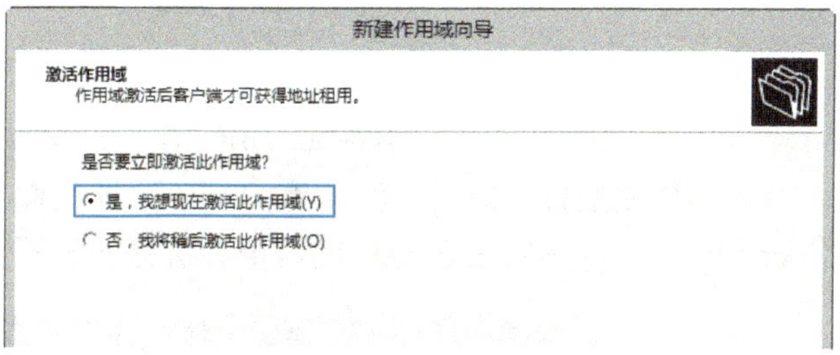

图5-18　激活作用域

11）图5-19所示为创建的作用域172.16.0.0。

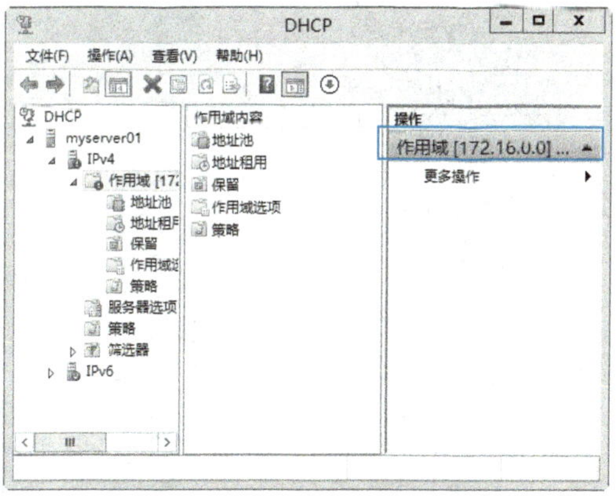

图5-19　创建作用域172.16.0.0

DHCP服务器配置完成后，进行客户端测试，具体步骤如下：

1）DHCP服务器配置结束并运行后，客户机还不能直接获得IP地址资源，必须对DHCP客户机进行设置。以Windows 7系统的客户机为例，在客户机系统桌面上用鼠标右键单击“网络”在弹出的快捷菜单中单击“属性”命令，打开网络和共享中心窗口，单击“本地连接”打开本地连接对话框，如图5-20所示。

图5-20 设置本地连接

2）在“本地连接”对话框中单击“属性”，弹出“打开本地连接属性”对话框，双击“Internet协议版本4（TCP/IP）”，在弹出的对话框中选中“自动获得IP地址”和“自动获得DNS服务器地址”单选按钮，单击“确定”按钮，如图5-21所示。

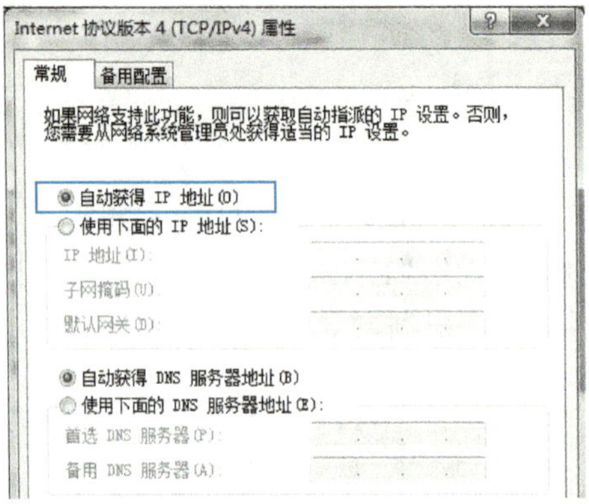

图5-21 DHCP客户端启动自动获取设置

3）客户端配置完成后，测试客户端IP地址获取状态，打开“命令提示行”窗口，输入“ipconfig/all”，然后按<Enter>键，查看机器的配置情况，如图5-22所示。

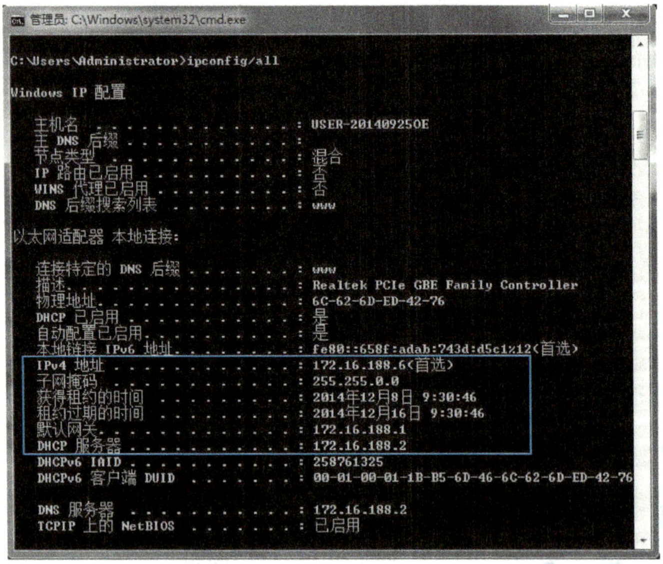

图5-22 客户机配置

技能提示

Windows Server 2012中的IP地址管理（IPAM）是一套集成工具，支持端到端规划、部署、管理和监视IP地址基础结构，同时提供丰富的用户体验。IPAM自动在网络上发现IP地址基础结构服务器，并能够从中心界面管理它们。

在服务器管理器中添加IPAM功能并通过服务器管理器进行配置，如图5-23所示。

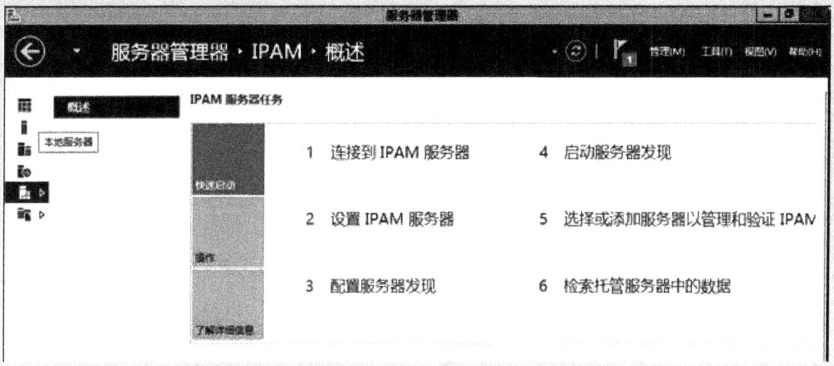

图5-23 IPAM概述

IPAM功能包括IPAM发现、IP地址空间管理、多服务器管理和监视、可操作审核和IP地址跟踪4个主模块。

1）IPAM 发现。

IPAM发现要求访问Active Directory，以便发现网络基础结构服务器。该发现不必启用IPAM服务。发现让管理员可以枚举运行Windows Server 2008或更高版本且安装了DNS服务器、DHCP服务器和AD DS角色服务的服务器。管理员还可以手动添加或删除服务器，以定义管理控件的自定义作用域。发现的作用域可以通过选择或删除域以及特定服务器角色进行实时修改。

2）IP 地址空间管理。

IPAM地址空间管理（ASM）功能提供在网络上有效查看、监视和管理 IP 地址空间的能力。ASM支持IPv4公用地址和专用地址，而且IP地址可以在网络上动态发布或作为静态 IP 地址提供。可基于自定义字段（如区域、区域互联网注册管理机构（RIR）、设备类型或客户名称）进行排序。网络管理员不仅可以跟踪IP地址利用率和阈值交叉点状态，还可以显示利用趋势。IPAM ASM工具通过确保更好地计划、问责和控制，能够解决不断增长的分布式环境下的IP地址空间管理问题。IPAM还可让管理员检测不同DHCP服务器上指定的重叠的IP地址范围，找到某个范围内的免费IP地址，创建DHCP保留，并创建DNS记录。

3）多服务器管理和监视。

IPAM允许管理员监视和管理多个DHCP服务器，以及监视遍布于集中式控制台中各个区域的多个DNS服务器。管理任务经常在多台服务器之间重复出现。多服务器管理（MSM）功能允许管理员在组织中轻松编辑和配置多台DHCP服务器和作用域的关键属性。IPAM还有利于监视和跟踪DHCP服务状态，以及DHCP作用域的利用率。IPAM还允许对服务器标记内置和用户定义的自定义字段值，同时允许对这些服务器进行虚拟化并将其分组到逻辑组和子组中。通过显示所有权威DNS服务器中某个区域的聚合状态，IPAM可以帮助监视多个DNS服务器上DNS区域的运行状况。IPAM 还可以在网络上跟踪DNS和DHCP服务器的服务状态。

4）可操作审核和 IP 地址跟踪。

审核工具允许跟踪IP基础结构服务器上可能存在的配置问题。IPAM能够对托管的DHCP服务器和IPAM服务器的统一配置更改进行查看，会跟踪详细信息，如服务器名称、用户名以及配置更改发生的日期和时间。IP 地址租约跟踪通过收集DHCP、DC 和NPS服务器中的租约日志可用于协助调查取证。IPAM 允许 IP 地址租约和用户登录的历史记录跟踪。

任务2　管理DNS服务器

任务背景与分析

1．客户需求

迈联公司工程师小温来到某学校网络中心，中心王主任说明服务器运行一切正常，现在学校想将以前校园网的域名服务器搬到新建的网络服务器上来，用户用原来采用的IP地址模式访问服务器，但是IP地址都是数字，难以记忆。下面是两人的对话片段：

客　户：校园网现在访问WWW服务器都是以IP地址的形式来访问的，用户使用起来很不方便，总是忘记域名等信息。

工程师：这个可以通过建立一台DNS服务器来解决，采用域名寻址的模式。

客　户：好的，具体要怎么实施呢?

工程师：首先，搭建一台DNS服务器，在该服务器上维护一个域名与IP地址对应的数据库，就可以实现域名与IP地址的解析。同时，还可以解决职工访问外部网络时，频繁向外网请求解析域名时而产生大量上网流量的问题。

2．任务分析

根据该校校园网络的业务需求并结合具体网络实际，需要在服务器上安装与配置DNS服务。

工作流程：确认用户需求与功能分析→填写安装工单→安装规划→添加DNS服务器→创建正向查找区域→新建主机（别名）记录→建立反向查找区别。

3. 任务工单

根据客户的要求，工程师小温需要填写任务工单，确认当时技术负责人员及参数信息，见表5-2。

表5-2 迈联公司工程任务工单

客户名称：××学校网络中心　　　　　　　　　　　任务单号：P2014060502

现场地点	××学校网络中心机房	日期	2014年10月6日
客户要求	1）检查配置服务器参数 2）安装DNS服务 3）配置DNS服务 4）各部门参数设置		
现场环境及参数	配置计算机名称为MYSERVER01 IP地址设置为172.16.188.2		
联系方式	联系人：王主任　　联系电话：133××000001	工时	8

4. 核心能力点

网络中的计算机在上网时，访问网络的地址都需要通过域名解析DNS服务器帮助用户解析请求的地址，然后将解析后的地址返回给请求的用户，企业、学校等组织机构的每个用户上网都需要外部网络中的DNS不停的解析，使得同样的解析在频繁重复，而在内部网络中安装DNS服务器，就可以解决这一问题，避免不必要的流量浪费。同时，在内网中也可以建立企业内部的Web服务器、FTP服务器、邮件服务器、流媒体服务器等。

要完成搭建DNS服务器，现场工程师必须了解以下知识点和能力点。

DNS：是域名系统的缩写，它是嵌套在阶层式域结构中的主机名称解析和网络服务的系统。当用户提出利用计算机的主机名称查询相应的IP地址请求时，DNS服务器从其数据库提供所需的数据。

域名（Domain Name）：是由一串用点分隔的名字组成的Internet上某一台计算机或计算机组的名称，用于在数据传输时标识计算机的电子方位。人们访问网站实质访问的是服务器的IP地址，但IP地址不便于记忆，域名的目的就是提供与IP地址对应，又便于记忆和沟通的一组服务器的地址（网站、电子邮件、FTP等）。

域名解析：是把域名指向网站IP地址，让人们通过注册的域名可以方便地访问到网站的一种服务。域名解析也叫域名指向、服务器设置、域名配置以及反向IP登记等。一个域名只能对应一个IP地址，而多个域名可以同时被解析到一个IP地址。简单地说，就是将好记的域名解析成IP，域名解析需要由专门的域名解析服务器（DNS）来完成。

DNS区域：为了便于根据实际情况来分散DNS名称管理工作的负荷，将DNS名称空间划分为区域（Zone）来进行管理。区域是DNS服务器的管辖范围，是由DNS名称空间中的单个区域或由具有上下隶属关系的紧密相邻的多个子域组成的一个管理单位。因此，DNS名称服务器是通过区域来管理名称空间的，而并非以域为单位来管理名称空间，但区域的名称与其管理的DNS名称空间的域的名称是一一对应的。

资源记录：区域的资源记录通常存储在区域数据库中，DNS通过资源记录来识别DNS信息。

DNS名称服务器：用于保存和回答对资源记录的名称查询的计算机。

DNS客户：向服务器提出查询请求，要求服务器查找并将名称解析为查询中指定的资源记录类型。

任务实施　管理配置DNS服务器

1）进入服务器管理器，首先打开添加服务器角色和功能向导，在服务器角色界面选中“DNS服务器”复选框，如图5-24所示。

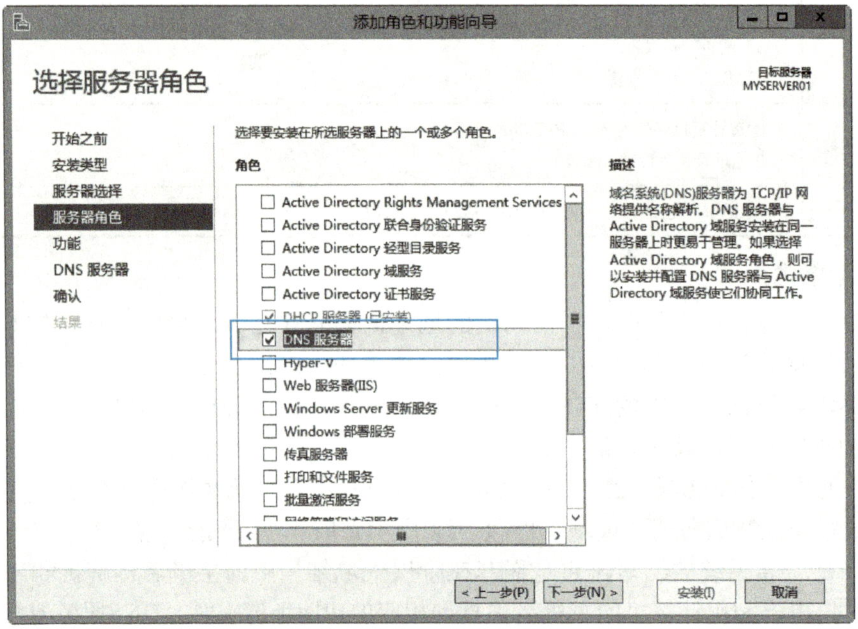

图5-24　添加DNS服务器

2）在选中DNS服务器时，会弹出“添加角色和功能向导”对话框，单击“添加功能”按钮添加DNS服务器所需的功能，如图5-25所示。

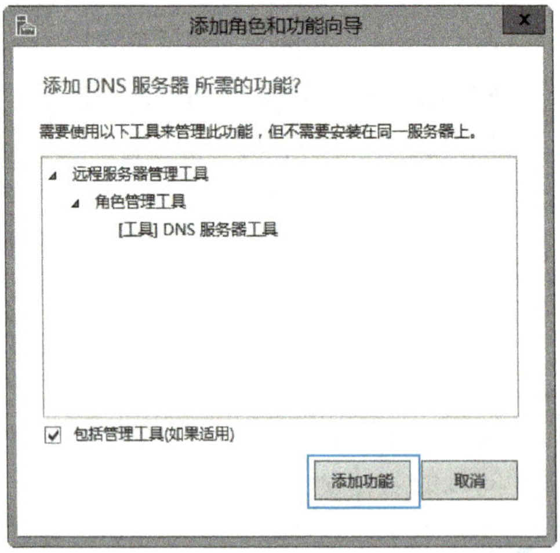

图5-25　添加DNS服务功能

3）根据向导提示，继续安装，并确认DNS服务器角色与功能，直至安装完成，如图5-26所示。

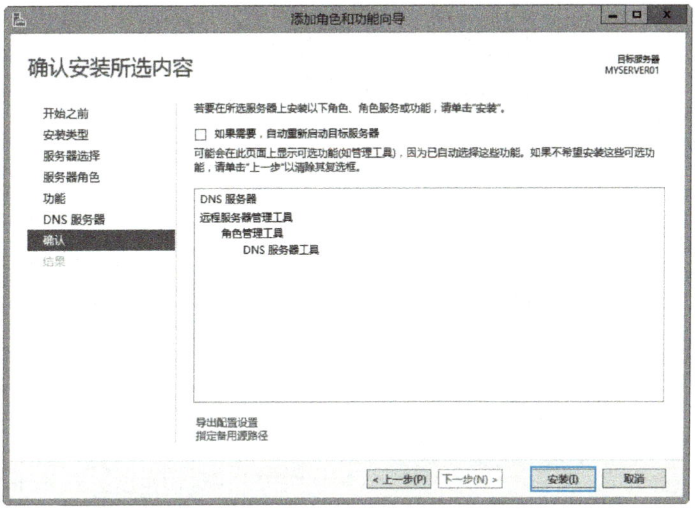

图5-26　确认安装所选内容

知识拓展

DNS服务器的配置为使用静态IP地址。如果DNS服务器被配置为使用由DHCP分配的动态地址，则当DHCP服务器向DNS服务器分配新的IP地址时，被配置为使用该DNS服务器上一IP地址的DNS客户端将不能解析为上一IP地址和定位该DNS服务器。

安装DNS服务器后，可以决定如何管理它及其区域。虽然可以使用文本编辑器更改服务器启动和区域文件，但建议不要采用此方法。DNS管理器和DNS命令行工具dnscmd简化了对这些文件的维护，应尽可能使用它们。开始使用DNS管理器或命令行对这些文件进行管理后，建议不要手动编辑这些文件。

如果卸载一个承载AD DS集成区域的DNS服务器，则将根据其存储类型保存或删除这些区域。对于所有存储类型，区域数据存储在其他域控制器或DNS服务器上。除非所卸载的DNS服务器是承载该区域的最后一个DNS服务器，否则不会删除该区域数据。

如果卸载一个承载标准DNS区域的DNS服务器，则区域文件将保留在%systemroot%\system32\Dns目录中；但如果重新安装DNS服务器，则不会重新加载这些文件。如果使用与旧区域相同的名称创建一个新的区域，则旧的区域文件将被新的区域文件替换。

DNS服务器安装完成后，需要配置服务器，具体步骤如下：

1）在服务器管理器中，单击“工具”→“DNS”，打开DNS管理器，如图5-27所示。

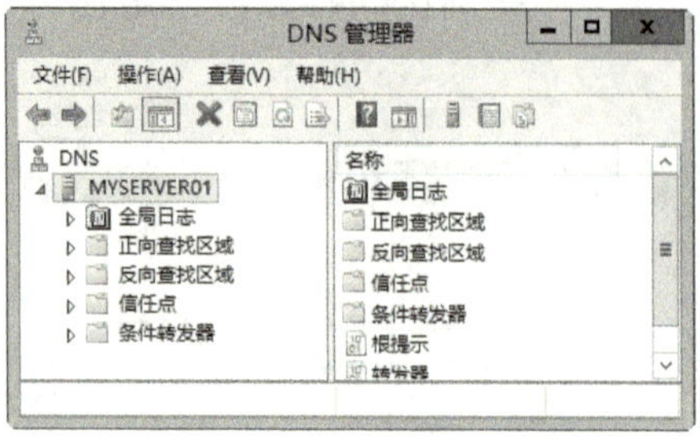

图5-27　DNS管理器

2）在DNS管理器中，选择“正向查找区域”，单击鼠标右键，在弹出的快捷菜单中单击“新建区域”命令，如图5-28所示。域名允许将DNS命名空间分成区域，每个区域存储一个或多个连续的DNS域的信息。

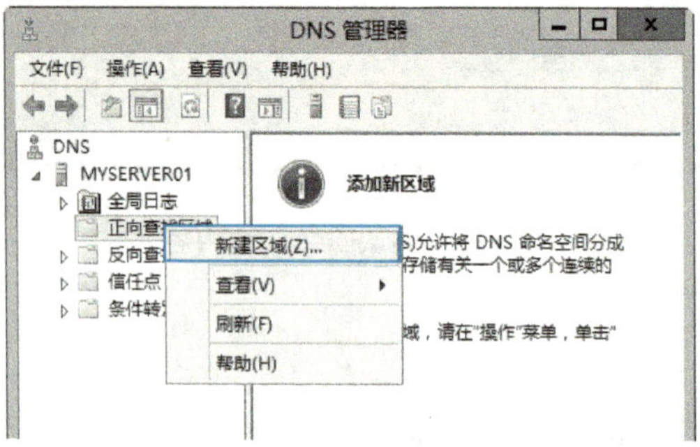

图5-28　新建区域

3）打开新建区域向导，根据提示单击“下一步”按钮，进入区域类型选择对话框，选择创建的区域类型为“主要区域”，如图5-29所示。

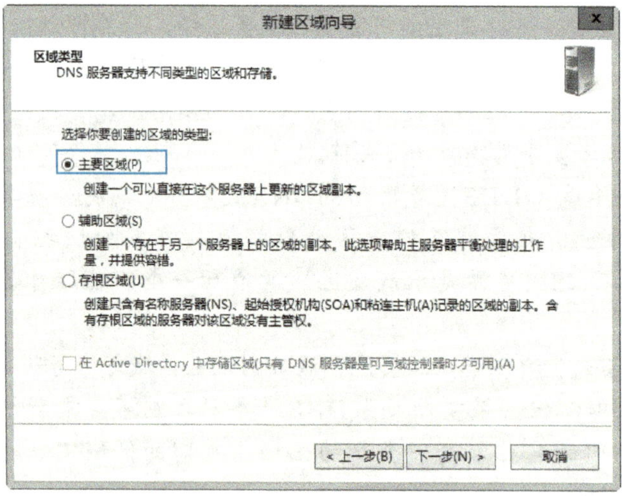

图5-29　创建主要区域

4）在区域名称对话框中输入“mydns.cn”，如图5-30所示。

5）继续单击“下一步”按钮，创建区域文件，选中“创建新文件，文件名为（C）：”单选按钮，系统默认文件名为“mydns.cn.dns”，如图5-31所示。

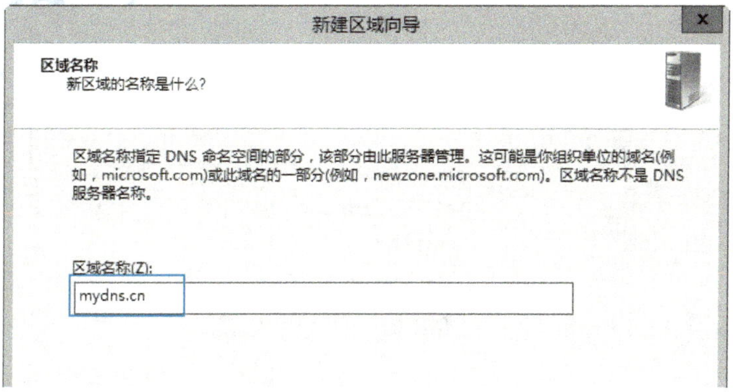

图5-30　输入区域名称

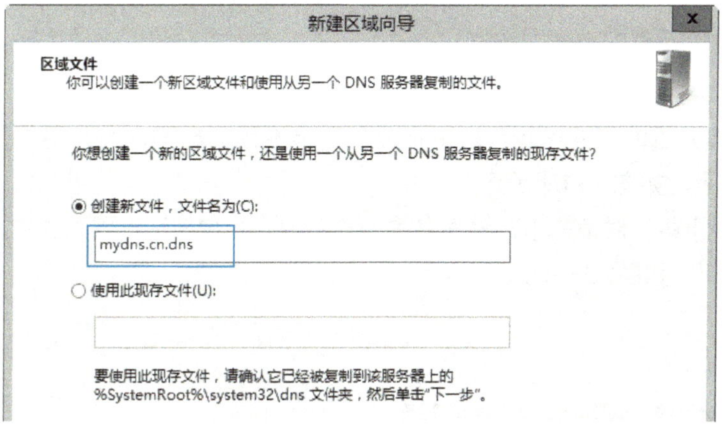

图5-31　创建区域文件

6）在动态更新对话框中，只有安装了AD才允许安全的动态更新，这里选择“不允许动态更新”，如图5-32所示。

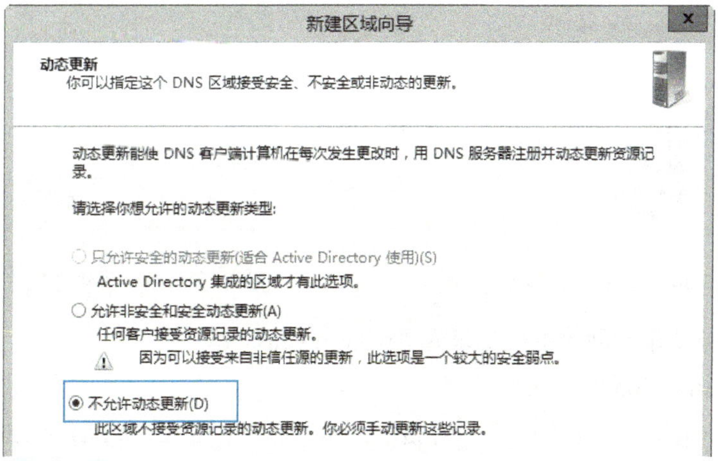

图5-32　动态更新设置

7）根据向导提示，完成新建区域，单击“完成”按钮关闭向导，如图5-33所示。

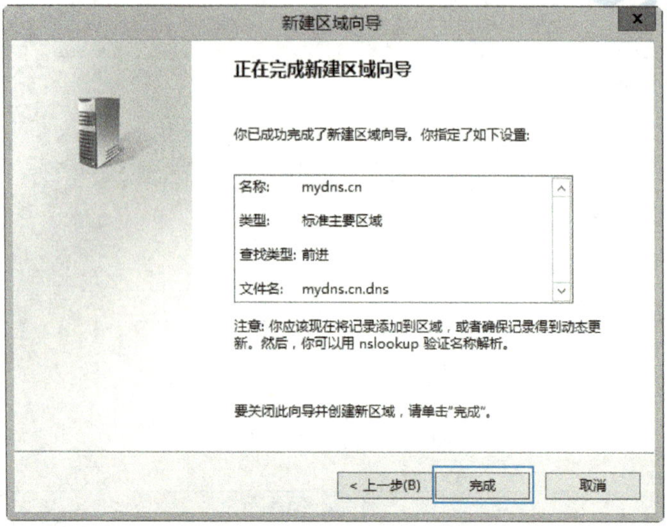

图5-33　完成新建区域

8）选择创建完成的正向区域”mydns.cn”，单击鼠标右键，在弹出的快捷菜单中单击“新建主机”命令，如图5-34所示。

9）在“新建主机”对话框中，输入名称为“www”，IP地址设置为“172.16.188.2”单击“添加主机”按钮，如图5-35所示。

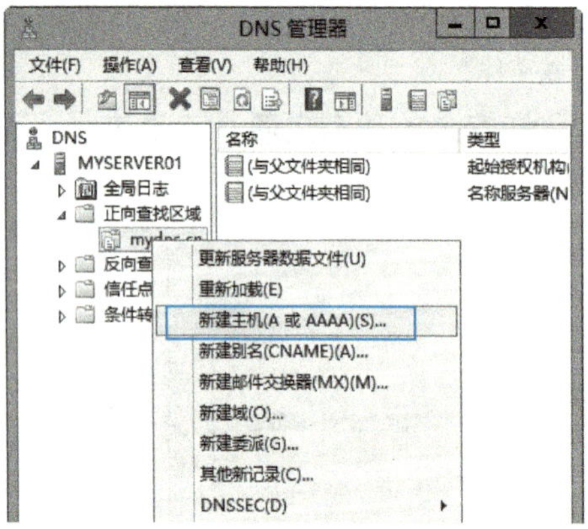

图5-34　完成新建区域

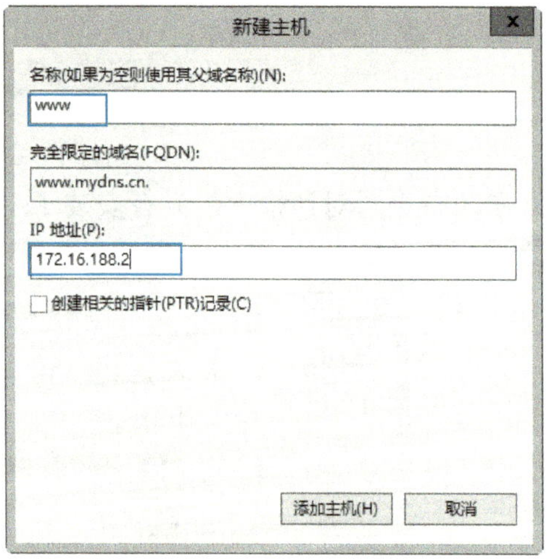

图5-35　新建主机

10）如图5-36所示，创建主机记录为“www.mydns.cn”。

测试DNS的运行情况的方法如下：

1）按“[Win]+[R]”打开“运行”对话框，输入命令“ping MYSERVER01 -t”，如图5-37所示。

2）单击“确定”按钮，运行ping.exe命令，DNS服务器运行状态如图5-38所示。

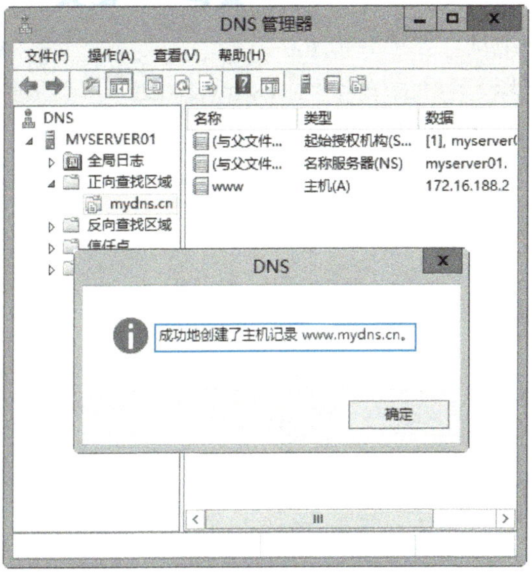

图5-36　成功创建主机记录

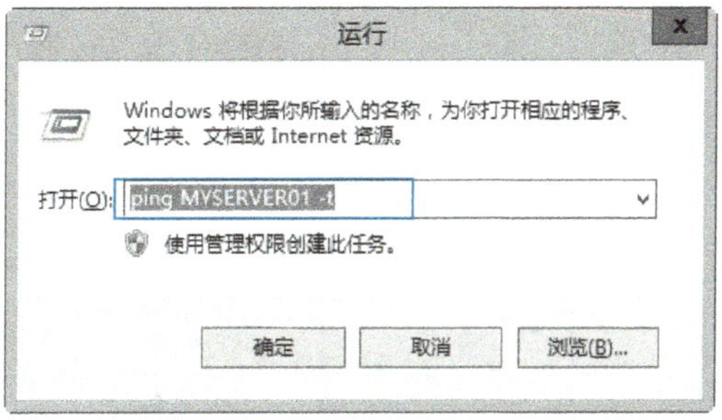

图5-37　“运行”对话框

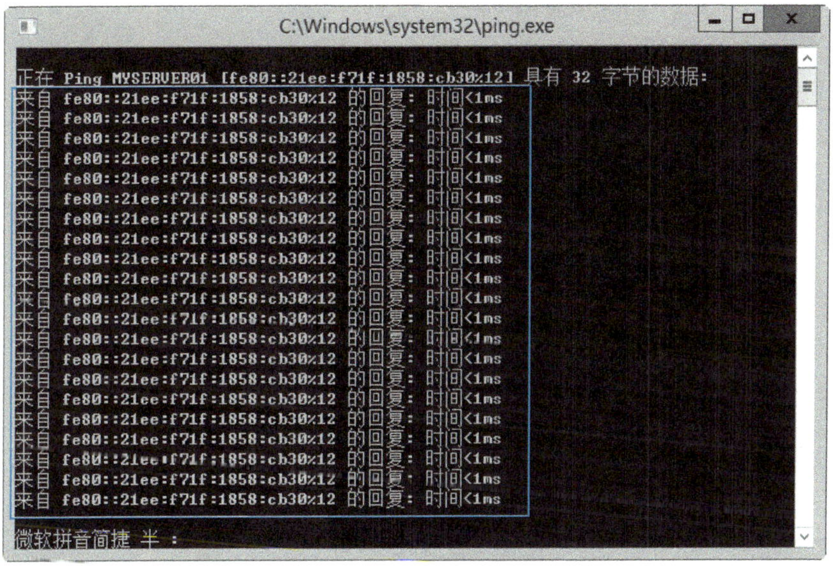

图5-38　DNS服务器运行状态

客户端测试的步骤如下：

1）选择桌面图标“网络”，单击鼠标右键，在弹出的快捷菜单中单击“属性”命令，打开“网络和共享中心”，单击如图5-39所示的“本地连接”，单击“属性”按钮，选择Internet协议版本4（TCP/IP）选项。

图5-39　网络和共享中心

2）在“Internet协议版本4（TCP/IPv4）属性”对话框中，设置“IP地址”和“首选DNS服务器”的地址以及“备用DNS服务器”的地址，如图5-40所示。

3）打开浏览器，在地址栏中输入DNS服务器设置好的域名“www.mydns.cn”，然后按〈Enter〉键，访问设置好的WWW服务器的站点，如图5-41所示。

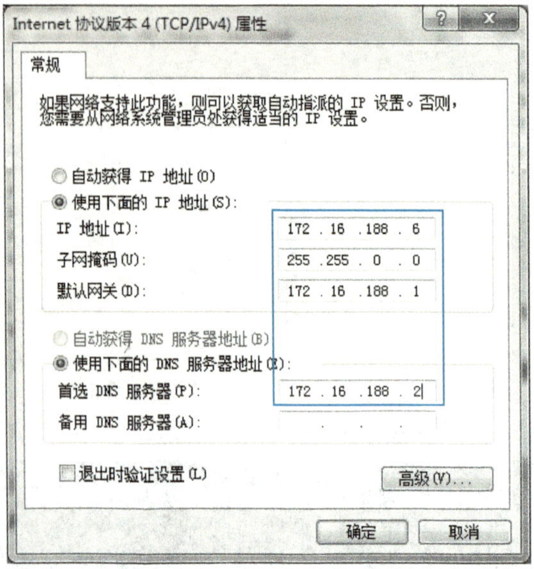

图5-40　设置IP地址

图5-41 访问WWW服务器

技能提示

DNS域名解析除了建立正向查找区域以外，还可以建立反向查找区域，实现IP地址到域名的反向解析。

1）打开DNS管理器，用鼠标右键单击“反向查找区域”，在弹出的快捷菜单中单击“新建区域”，如图5-42所示。

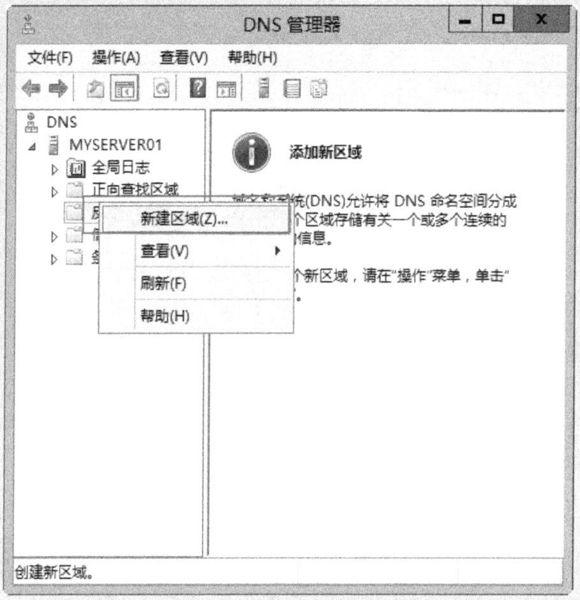

图5-42　创建反向查找区域

2）根据新建区域向导提示，连续单击“下一步”按钮，选择区域类型为“主要类型”，在“选择是否要为IPv4地址或IPv6地址创建反向查找区域”选项区中，选中“IPv4反向查找区域”单选按钮，如图5-43所示。

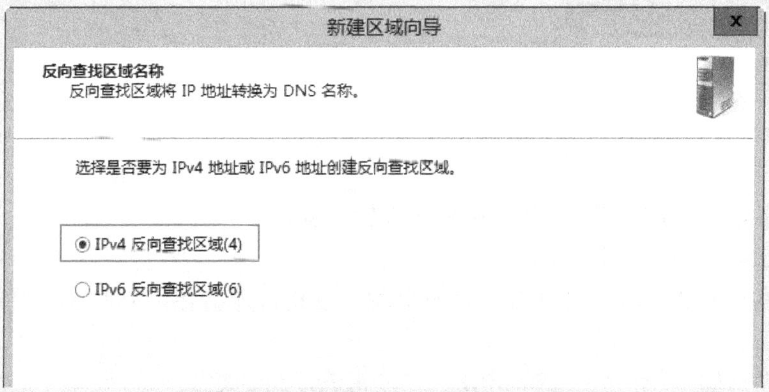

图5-43　IPv4反向查找区域

3）输入网络ID或区域名称时，输入网络ID为“172.16.188”，如图5-44所示。继续“下一步”按钮，创建区域文件，默认创建文件名即可。

4）根据新建区域向导提示，设置“动态更新”为“不允许动态更新”，连续单击“下一步”按钮，直接设置完成。

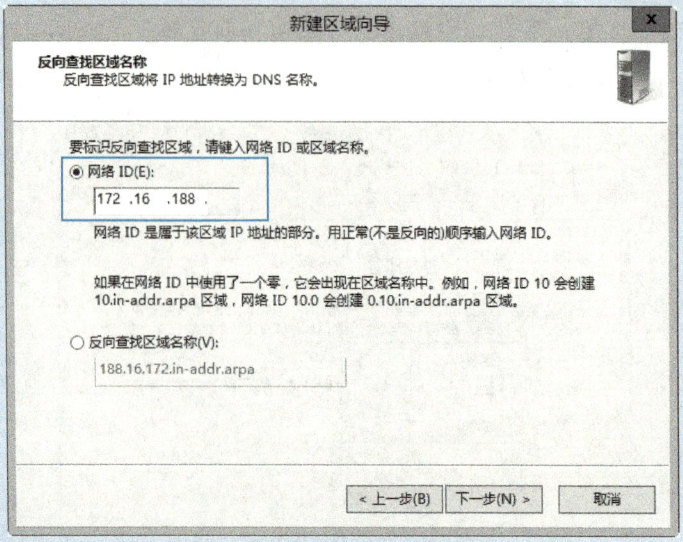

图5-44　反向查找区域名称

知识拓展

通过提供称为反向查找区域的特殊区域，域名系统（DNS）服务器可让客户端根据主机的 IP 地址确定主机的 DNS 名称。反向查找区域包含将 IP 地址映射到主机名称的指针（PTR）资源记录。某些应用程序依赖于反向查找，如安全 Web 应用程序。仅当网络中运行的应用程序需要反向查找区域时，才应创建反向查找区域。

能力拓展

海星公司欲建立DHCP服务器与DNS服务器，服务器名称设置为MYSERVER01和MYSERVER02，IP地址设置为172.16.188.1与172.16.188.2。现在派工程师小温去实现下面的操作。

1）在服务器上完成DNS、DHCP服务的添加安装。

2）配置DNS、DHCP服务器。

3）利用客户机测试DNS服务器，能够利用域名访问服务器，同时客户机IP地址可以自动获取。

4）查看两台客户机所分配的动态IP，并互相进行ping操作。

单元知识总结

在本学习单元中介绍了TCP/IP网络IP地址的管理方法，应了解DNS与DHCP服务器的基本概念，掌握动态IP地址分配的原理与动态管理的方式，掌握域名和域名解析的原理，重点介绍了在Windows Server 2012服务器安装DHCP与DNS服务前使用环境的参数，在此基础上安装相应服务，根据客户需求对DHCP服务器进行了地址范围的配置与管理，以及DHCP客户端的设置和如何动态获取IP地址，查看IP地址的配置情况，同时本学习单元还介绍了DNS管理配置方式，要求掌握设置Web服务器的域名，实现域名的过程。学习单元自我评价表见表5-3。

表5-3　学习单元自我评价表

	学习目标	核心能力点	自我评价
职业岗位能力	了解TCP/IP网络IP地址的管理方法，DNS、DHCP服务器基本概念，掌握IP地址分配、IP地址的动态管理，掌握域名和解析原理	了解IP地址的管理方法，IP地址的划分种类，子网掩码的作用与意义	
		掌握DHCP的定义与工作原理、IP作用域	
		掌握DNS、域名与域名解析、DNS区域、资源记录、DNS名称服务器等基本概念	
	能配置网络服务器的相关参数 能规划网络IP地址的分配和域名设置	熟练配置网络服务器的计算机名与IP地址	
		能规划网络中IP地址的范围	
	能完成DHCP服务器安装及相关配置 能配置DHCP客户端并获取IP地址	能熟练安装DHCP服务器	
		能熟练新建作用域，添加排除与延迟	
		掌握配置DHCP选项的方法	
		掌握配置客户端与获取IP地址的方法，并查看客户端配置	
	能完成DNS服务器安装与管理 能完成客户端的测试与DNS服务器的注册	能熟练安装DNS服务器	
		掌握DNS服务器的配置，新建正向查找与反向查找，新建主机	
		熟练DNS客户端的配置与测试	
		熟练客户端的测试与DNS服务器的注册	
	初步了解IPAM	IPAM的定义与功能	
		掌握IPAM的基本配置方式	
通用能力	沟通表达能力		
	解决问题能力		
	综合协调能力		

学习单元6
搭建Intranet信息服务器

单元情境与学习目标

Intranet是Internet的延伸和发展，正是由于利用了Internet的先进技术，特别是TCP/IP，保留了Internet允许不同计算平台互通及易于上网的特性，使Intranet得以迅速发展。Intranet有效地避免了Internet所固有的可靠性差、无整体设计、网络结构不清晰以及缺乏统一管理和维护等缺点，使企业内部的秘密或敏感信息受到网络防火墙的安全保护。搭建Intranet信息服务器，方便组织机构内部的信息交流和资源共享，同时建立防火墙把内部网和Internet分开，使企业内部既安全又独立。

某学校为了满足学校职工的日常工作需要，要求迈联公司的工程师对服务器进行配置，使职工可以随时查看共享文件，对文件进行上传和下载，同时可以在网内发布信息和浏览信息以及实现同事之间互相发送邮件的功能。

针对上述问题，需要在网络内部服务器上搭建FTP服务器、Web服务器、邮件服务器，公司派工程师小温去安装配置这些服务器。

配置服务器的基本流程：和客户确认服务器安装完成→系统基本配置→添加相关服务→完成服务基本配置→功能测试与使用几个部分。各类参数根据客户需求陆续完成。

单元学习目标

知识要求

了解Internet信息服务的基本知识，知道安装服务的基本要求，掌握配置FTP服务器、Web服务器、邮件服务器的安装及配置服务的相关知识，学会测试FTP服务器、Web服务器与邮件服务器。

工作任务要求

1）能在安装服务前规划好网络操作系统的相关参数。

2）学会FTP服务的安装。

3）能完成FTP服务器配置及测试。

4）学会安装Web服务。

5）熟练掌握Web服务器的配置与测试。

6）能完成邮件服务器安装及配置。

任务1　配置FTP服务器

任务背景与分析

1. 客户需求

某学校网络中心王主任说明了该校职工在文件共享和文件传输方面存在的许多问题，如职工之间的共享文件无法访问，校务文件管理上杂乱无章，普通职工随意查看文件，影响正常的工作和效率。下面是两人的对话片段：

客　户：学校的服务器已经运行有一段时间了，一切正常，现在学校想让员工能及时访问学校公告文件，让中层干部可以访问学校领导层发布的重要文件，工作室内部文件共享不被其他部门的人员访问，要怎么办呢？

工程师：王主任，这个问题可以通过FTP服务器来解决，在整个网络中，用户可以通过共享的方式或FTP的方式进行文件的上传或下载，管理员可以配置匿名访问和用户访问权限，具体对这方面有哪特殊些要求请详细再说明一下，以便日后配置服务和相关参数。

客　户：好的，能实现所有员工都能访问公共文件，并可以实现员工按照部门访问或按照文件类型划分文件目录即可。

2. 任务分析

根据该校校园网络的业务需求并结合该学校的具体网络实际，客户已经确认要求在其中一台服务器上按照合同要求配置FTP服务器。

工作流程：确认用户需求与功能分析→填写安装工单→建立FTP服务器→配置FTP服务器参数→提供FTP文件服务。

3. 任务工单

根据客户的要求，需要填写任务工单，工单作为书面材料，可以确认当时技术负责人员及参数信息，便于日后维护，见表6-1。

表6-1　迈联公司工程任务工单

客户名称：××学校网络中心　　　　任务单号：P2014060601

现场地点	××学校网络中心机房	日期	2014年10月10日
客户要求	1）检查配置服务器参数 2）安装FTP服务 3）配置FTP服务 4）各部门权限设置		
现场环境及参数	配置计算机名称为MYSERVER01 IP地址设置为172.16.188.2		
联系方式	联系人：王主任　　联系电话：133××000001	工时	8

4．核心能力点

在Windows Server 2012系统中，提供了FTP服务器功能。通过FTP服务器提供上传和下载的功能实现资源的共享和文件传输。用户使用FTP服务时，首先要登录到FTP服务器，得到该服务器的授权许可，方可上传或下载文件。

要完成本次任务，现场工程师必须要了解以下知识点和能力点。

1）FTP服务器：是在互联网上提供存储空间的计算机，它们依照FTP提供服务。FTP（文件传输协议，File Transfer Protocol）是专门用来传输文件的协议。通过FTP服务，可以将文件通过网络在不同类型的计算机之间传送，且具备双向传输功能，多个用户可以轻松地共享服务器资源，包括各种软件和文档、设计及多媒体资料，并可以相互传送和交换文件。FTP服务器可以方便地对用户账号、访问资源和操作权限等进行设置和管理。

2）虚拟目录：是服务器硬盘上通常不位于FTP站点主目录下的物理目录的友好名称或别名。使用别名很安全，因为用户不知道文件在服务器上相对于FTP站点主目录的物理位置，所以便无法使用这些信息来修改文件。使用别名也可以更方便地移动站点中的目录，无须更改目录的URL，只需更改别名与目录物理位置之间的映射。

3）FTP登录：使用FTP时必须首先登录，在远程主机上获得相应的权限以后，方可上传或下载文件。也就是说，要想同哪一台计算机传送文件，就必须具有哪一台计算机的适当授权。

4）匿名FTP：是一种机制，用户可以通过它连接到远程主机上，并从其下载文件，而无须成为其注册用户。系统管理员建立了一个特殊的用户ID，名为anonymous，Internet上的任何人在任何地方都可以使用该用户ID。

5）安装FTP服务器，选择“服务器管理器”，添加FTP服务器角色。

6）配置FTP服务器，打开“Internet信息服务（IIS）管理器”，选择“添加FTP站点”，配置站点相关参数及身份验证。

7）测试FTP服务器，通过资源管理器，在地址栏中输入FTP服务器的IP地址，连接FTP服务器，对文件进行上传和下载。也可以通过命令提示行，输入连接的FTP服务器地址进行测试。

任务实施　安装与配置FTP站点

在安装FTP服务之前，先检查Server服务器的相关参数，将服务器名字设成MYSERVER01，IP设置为172.16.188.2。

FTP服务器的安装方法如下：

1）打开添加服务器角色和功能向导，根据提示在服务器角色界面选择“Web服务器（IIS）”，如图6-1所示。

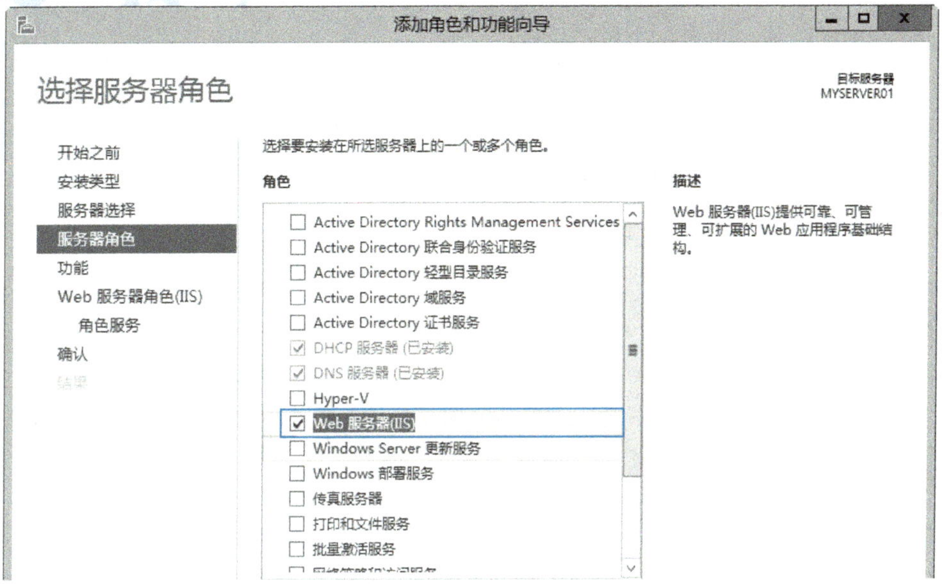

图6-1　添加角色和功能向导界面

2）单击“下一步”按钮，在选择要安装的角色界面选中“FTP服务器”复选框，并选择相应的功能，如图6-2所示。

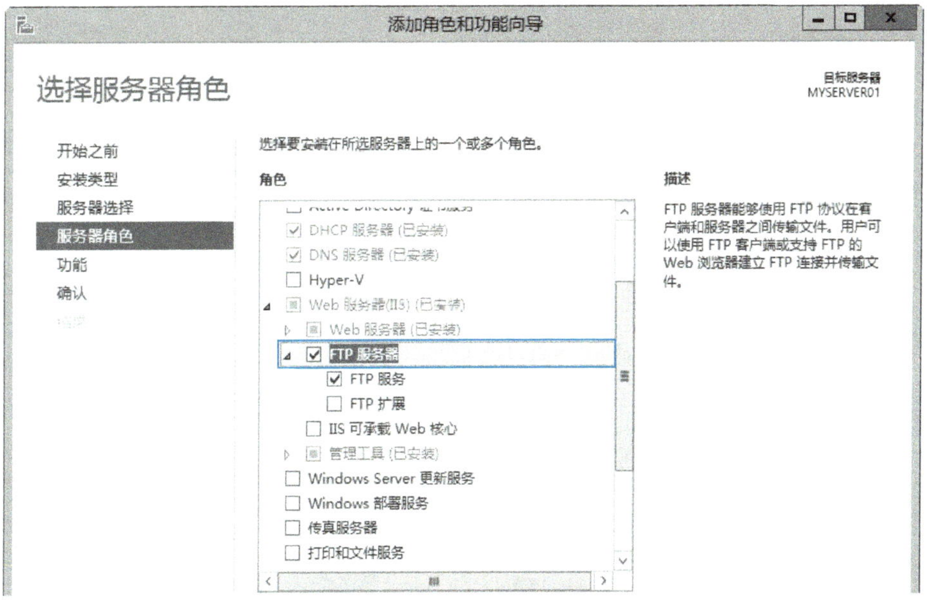

图6-2　选择服务器角色

3）如图6-3所示，在确认安装所选内容界面，确认所要安装的角色、角色服务与功能，然后单击“安装”按钮。

4）安装完成，单击“关闭”按钮可以关闭添加角色和功能向导，如图6-4所示。

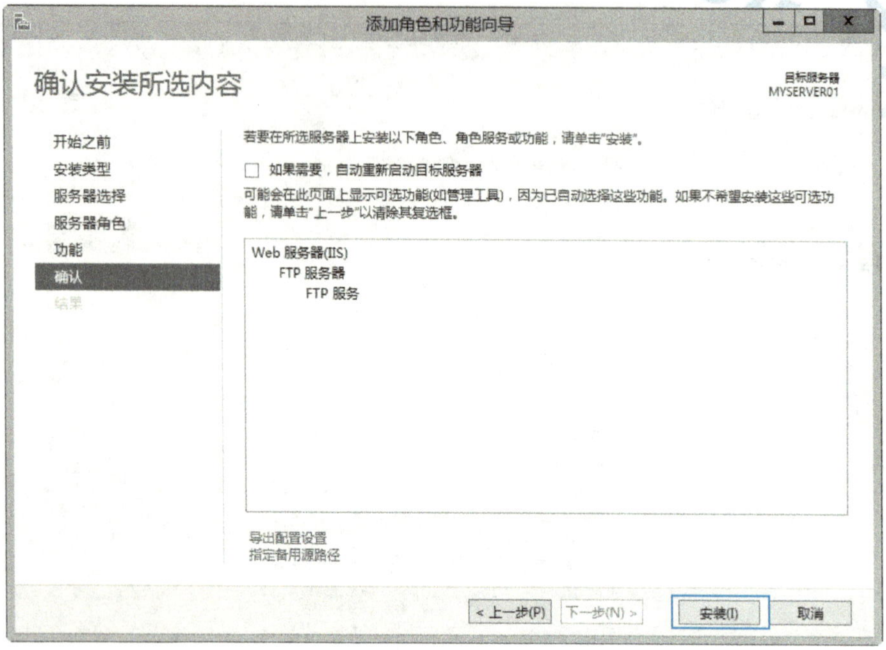

图6-3　确认安装所选内容

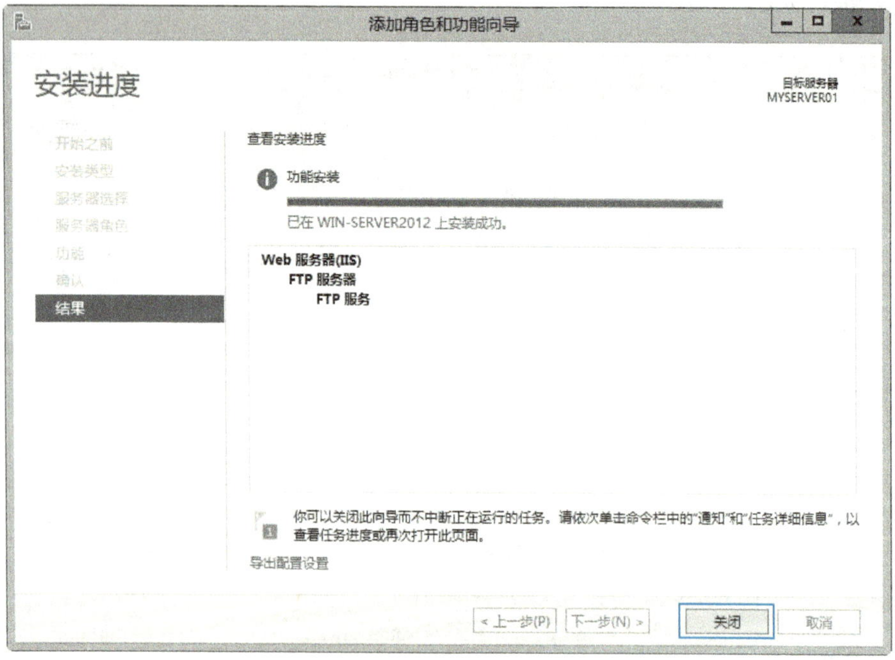

图6-4　安装服务器角色

安装完成后，配置FTP服务器的步骤如下：

1）打开“服务器管理器”，单击“工具”→“Internet信息服务（IIS）管理器”，打开Internet信息服务（IIS）管理器窗口，如图6-5所示。

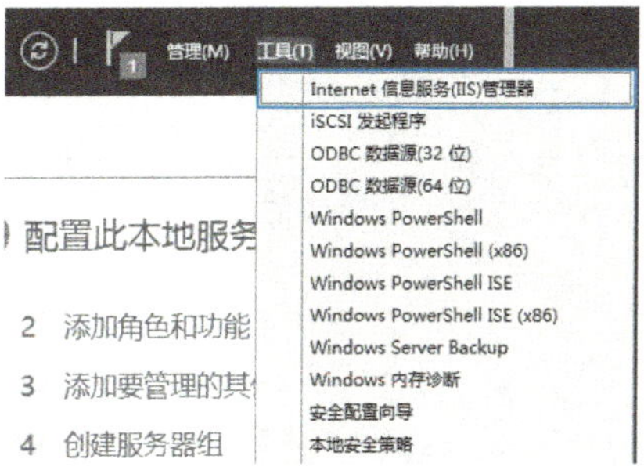

图6-5　打开Internet信息服务（IIS）管理器

2）在“Internet信息服务（IIS）管理器”窗口左侧单击“MYSERVER01”→“网站”，单击窗口右侧的“添加FTP站点”，如图6-6所示。

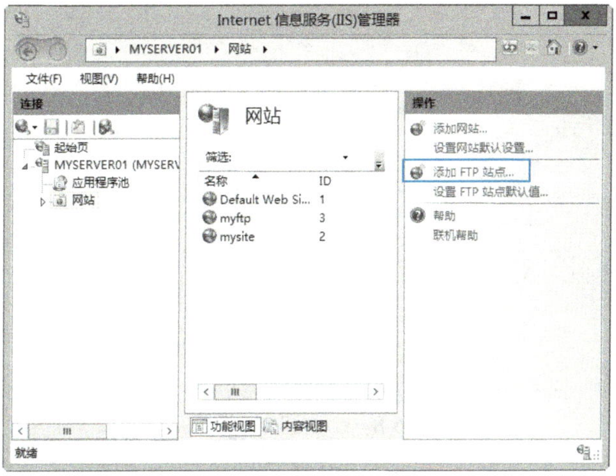

图6-6　添加FTP站点

3）在“添加FTP站点”对话框中输入FTP站点名称为FTP1，物理路径为F:\software1，单击“下一步”按钮，如图6-7所示。

图6-7　站点信息

4）在绑定和SSL设置对话框中，设置IP地址分配为172.16.188.2，SSL证书设置为“无SSL”，如图6-8所示。

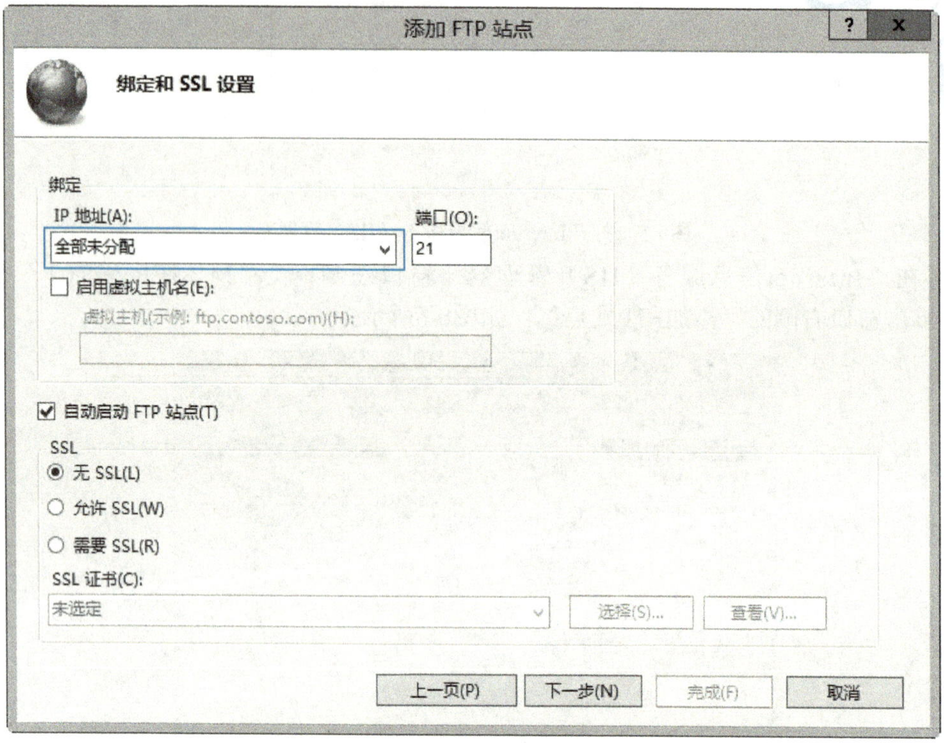

图6-8　绑定和SSL设置

5）在身份验证和授权信息对话框中，设置身份验证为“匿名”，再为匿名用户授权为“读取”的权限，如图6-9所示。

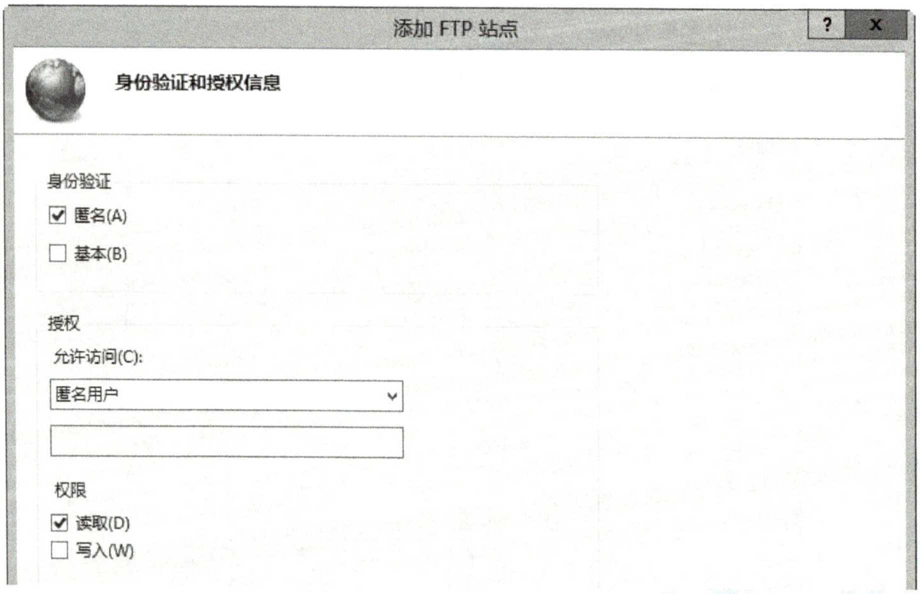

图6-9　身份验证和授权信息

知识拓展

在配置FTP身份验证功能页中，可以配置客户端访问FTP的用户类型如下：

1）所有用户：选择该选项以便为匿名用户和经过身份验证的用户管理内容访问权限。确保将该规则置于任何授予内容访问权限的规则之下。如果该规则位于规则列表的顶部，则将拒绝所有用户访问内容。

2）所有匿名用户：选择该选项可为没有经过身份验证的用户管理内容访问权限。如果使用该规则，则所有用户都必须具有有效的基本或自定义身份验证用户账户和密码，才能进行身份验证。

3）指定的角色或用户组：选择该选项以便为特定的Microsoft Windows角色或用户组管理内容访问权限。如果使用该规则，则指定角色和组的所有成员都必须具有有效的基本或自定义身份验证用户账户和密码，才能进行身份验证。

4）指定的用户：选择该选项以便为特定用户账户管理内容访问权限。如果使用该选项，则所有用户都必须具有有效的基本或自定义身份验证用户账户和密码，才能进行身份验证。

6）打开“资源管理器”，在地址栏中输入“ftp://172.16.188.2”按<Enter>键，测试FTP站点登录，测试成功后即可以进行上传文件和下载文件的操作，如图6-10所示。

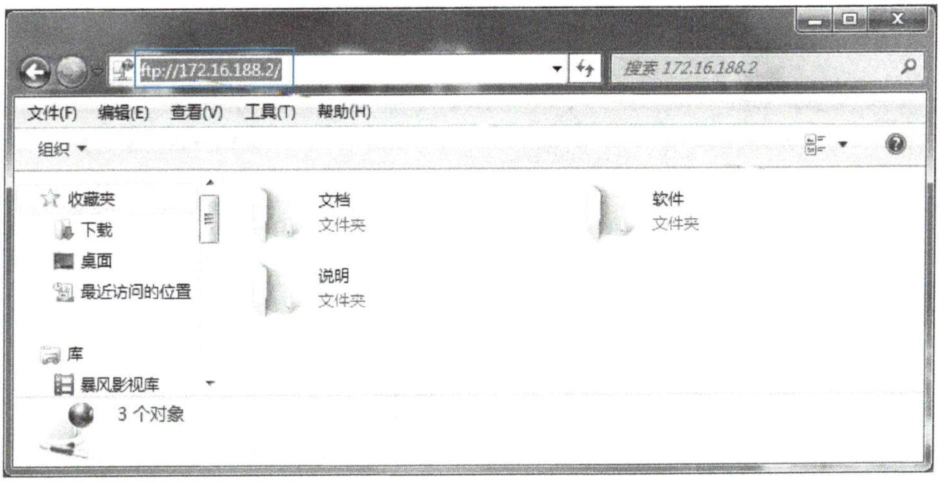

图6-10　客户端访问

技能提示

客户端访问除了可以通过浏览器访问以外，还可以通过命令提示符的方式进行访问，具体配置与访问步骤如下：

1）选择创建好的FTP站点，双击“FTP身份验证”，更改之前设置好的身份验证信息，如图6-11所示。

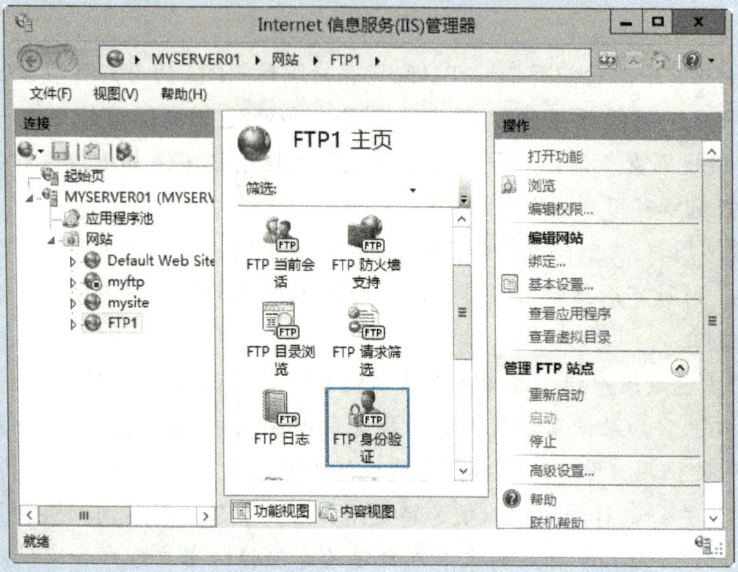

图6-11 FTP身份验证

2）选择“基本身份验证”，单击窗口右侧的“启用”命令，对用户的访问进行控制，如图6-12所示。

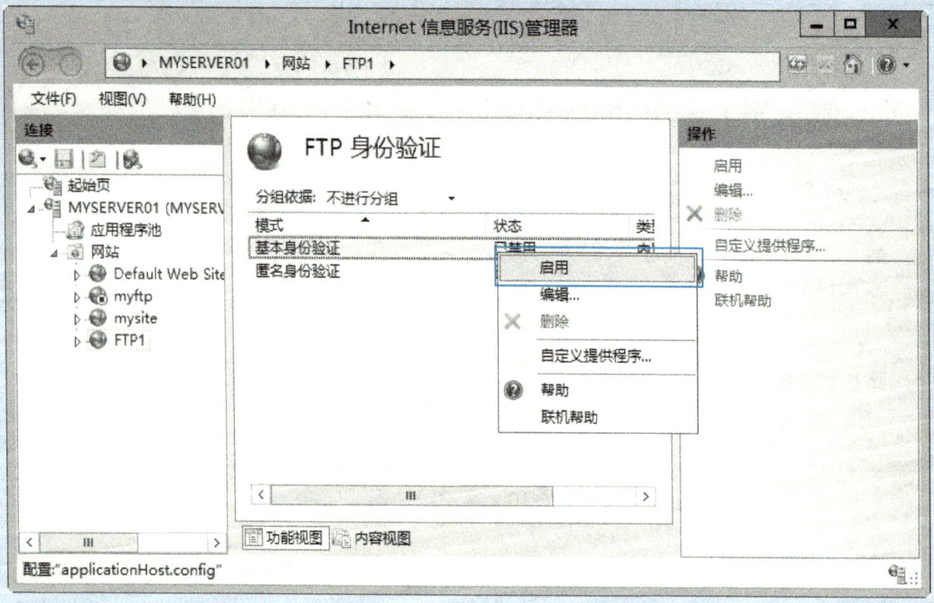

图6-12 设置FTP身份验证

3）双击“FTP消息”，设置用户访问FTP时欢迎使用的提示消息与退出FTP服务器时的提示信息，如图6-13所示。

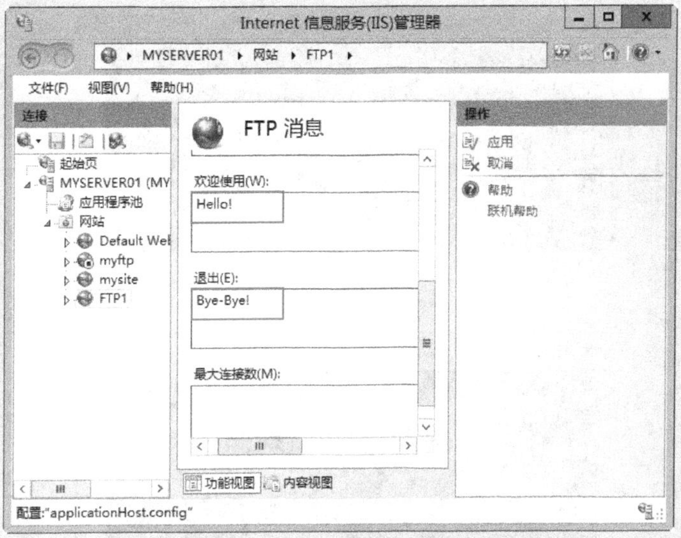

图6-13 设置FTP消息

4）设置完成后，打开“运行”对话框，输入“cmd”命令，打开命令提示行，输入命令“ftp 172.16.188.2”，按<Enter>键后显示连接到FTP服务器，如图6-14所示。

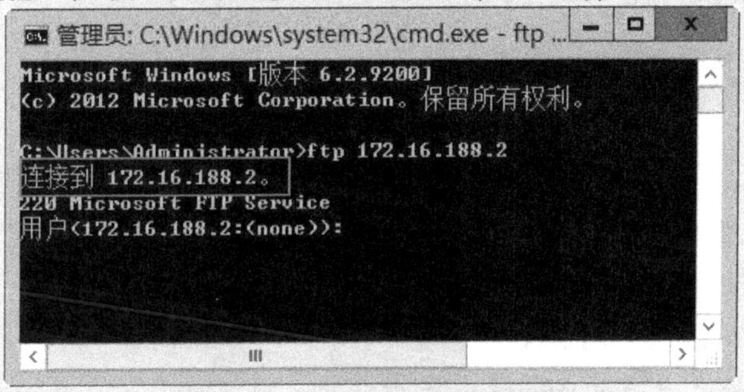

图6-14 连接FTP服务器

5）输入“anonymous”测试匿名登录状态，并输入密码为空，按<Enter>键后出现设置的欢迎提示语句“Hello!”，显示匿名用户230已经登录的信息“230 User logged in”，如图6-15所示。

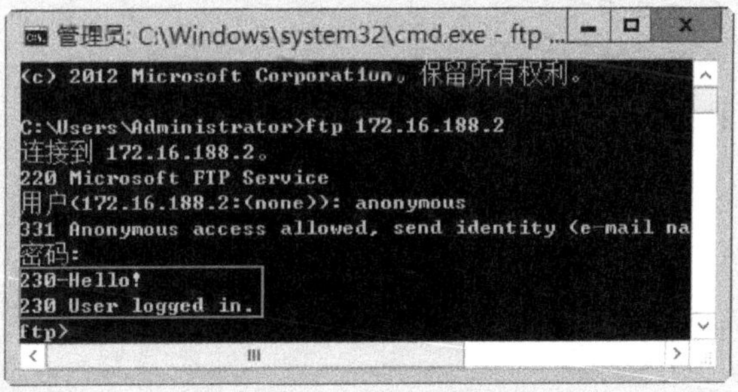

图6-15 用户登录信息

6）输入命令“ls”，显示当前目录的内容，如图6-16所示。

7）输入命令“close”，用户退出，显示FTP设置退出消息“Bye-Bye! ”，如图6-17所示。

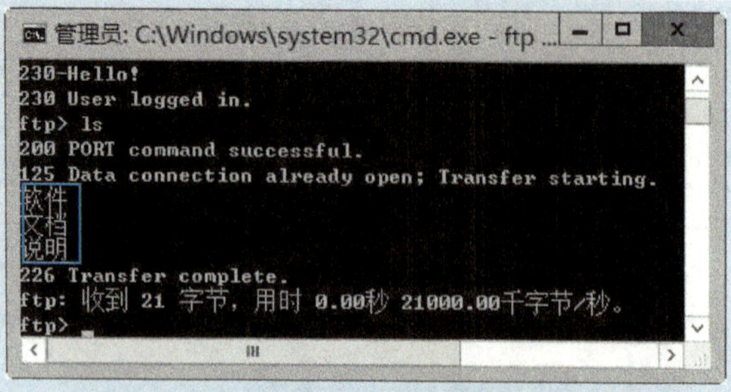

图6-16 目录信息

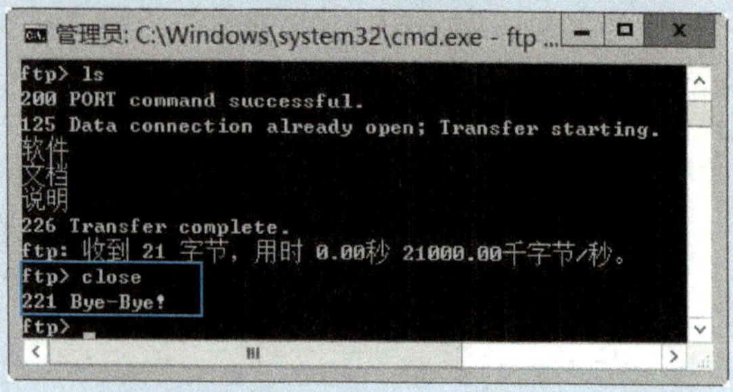

图6-17 退出消息

知识拓展

创建FTP站点完成后，可以在FTP主页窗格中的选项中配置各项功能选项，包括FTP身份验证、FTP授权规则、FTP目录浏览、FTP IP地址和域限制、FTP消息、FTP日志、FTP防火墙、FTP登录尝试限制、FTP请求筛选等。

配置基本FTP身份验证的方法如下：

1）创建适用于验证方法的Windows用户账户。可将账户添加到Windows用户组。

2）配置要控制访问权限的目录或文件的NTFS权限。

3）在IIS管理器中，右键单击FTP站点、目录、虚拟目录或文件，在弹出的快捷菜单中单击“属性”命令。

4）单击“安全账户”选项卡。

5）取消选中“允许匿名连接”复选框。

6）单击“确定”按钮。

7）为账户设置适当的NTFS权限。

任务2 配置与管理Web服务器

任务背景与分析

1．客户需求

某学校网络中心王主任说明学校想要建立数字校园平台，提供新闻公告发布、信息浏览、资源共享、在线考试等实现数字化办公及校务管理，下面是两人的对话片段：

客　户：现在学校的校务依靠电话或者开会通知，浪费时间而且很麻烦，如何将校内通知、公告、新闻等放置在一个公共平台上，让学校职工都能查看呢？

工程师：想要实现以上功能需要建立数字校园平台，首先应该配置一台Web服务器，在原有安装了Server 2012系统的基础上添加Web服务，然后进行配置即可。

客　户：需要准备哪些东西？

工程师：需要一台安装了网络操作系统的服务器，配置相关参数，并且准备好网站的站点文件。

2. 任务分析

根据该校提出的要求，要建立数字管理平台，首先要安装Web服务器，在其中一台安装网络操作系统的服务器上按照要求添加Web服务。

工作流程：确认用户需求与功能分析→填写安装工单→添加Web服务器→完成服务器配置→测试。

3. 任务工单

根据客户的要求，需要填写任务工单，确认Web服务器参数信息，便于日后维护，如表6-2所示。

表6-2　迈联公司工程任务工单

客户名称：××学校网络中心　　　　任务单号：P2014060602

现场地点	××学校网络中心机房	日期	2014年10月13日
客户要求	1）在其中一台安装好网络操作系统的服务器上添加Web服务器 2）配置服务器，新建Web站点 3）测试Web服务器连通性		
现场环境及参数	配置计算机名称为MYSERVER01 IP地址设置为172.16.188.2		
联系方式	联系人：王主任　联系电话：133××000001	工时	8

4. 核心能力点

网络中的计算机可以通过浏览器访问Web站点，客户端向Web服务器发出请求，服务器将处理请求，并将请求的文件发送回该客户端的浏览器上。Web服务器不仅能够存储信息，还能在Web浏览器提供的信息的基础上运行脚本和程序。

在完成本任务前，现场工程师必须了解以下知识点和能力点。

1）Web服务：也称为WWW（World Wide Web）服务或HTTP服务，它是Internet提供的重要服务之一。Web服务器是实现信息发布的平台，信息发布需要建立相应的Web站点。Internet中各类网站都是通过Web服务器实现的。

Web服务是基于客户机/服务器（C/S）模式的系统，客户机指安装有Web浏览器软件的客户计算机。浏览器将请求发送到服务器，服务器响应这一请求，将其制定的Web页面或文档传送出去，即“下载”。

Web服务采用的TCP/IP应用协议是HTTP。Web服务器通过HTTP与服务器建立连接、传输信息和终止连接。因此，Web服务器也称为HTTP服务器。

通常，企业网络采用WWW模式发布信息，其流程是在Web服务器上建立站点，以集中方式存储和管理用户发布的信息，客户端通过Web浏览器向服务器发出请求，以获得相应的信息。在客户端，用户浏览器负责将从Web服务器中得到的用HTML标记语言编写的网页代码转换成丰富多彩的网页页面。

2）IIS（Internet Information Server，互联网信息服务）是一种Web（网页）服务组件，其中包括Web服务器、FTP服务器、NNTP服务器和SMTP服务器，分别用于网页浏览、文件传输、新闻服务和邮件发送等方面。它使得在网络（包括互联网和局域网）上发布信息成了一件很容易的事。

IIS 8是随Windows Server 2012版本提供的IIS的最新版本，相对早期版本进行了改进，增加了以下功能。

① 集中式证书：为服务器场提供单一的SSL证书存储并简化SSL绑定的管理。

② 动态IP限制：使管理员能够配置IIS 8以阻止对超过指定请求数的IP地址的访问，并指定阻止IP地址时的行为。

3）安装Web服务器，选择“服务器管理器”，添加Web服务器角色。

4）配置Web站点，打开“Internet信息服务器”，选择网站，用鼠标右键单击网站，然后添加网站，配置网站的基本参数。

5）测试连接Web站点，打开客户端浏览器，在地址栏中输入Web站点的地址，访问Web服务器。

任务实施　新建一个Web站点

首先在安装Web服务器之前，先检查Server服务器的相关参数，将服务名字设成MYSERVER01，IP设置为172.16.188.2。

Web服务器的安装与配置步骤如下：

1）在“服务器管理器”中单击“添加角色和功能”按钮，根据提示选择安装类型为“基于角色或基于功能的安装”，然后选择要安装的角色和功能为“从服务器池中选择服务器”，如图6-18所示。

2）单击“下一步”按钮，选中“Web服务器（IIS）”复选框，添加Web服务器所需的功能，如图6-19所示。

3）在功能界面中，选中.NET framework 3.5功能与.NET framework 4.5，单击“下一步”铵钮，在选择角色服务界面中，选择为Web服务器（IIS）要安装的角色服务，如图6-20所示。

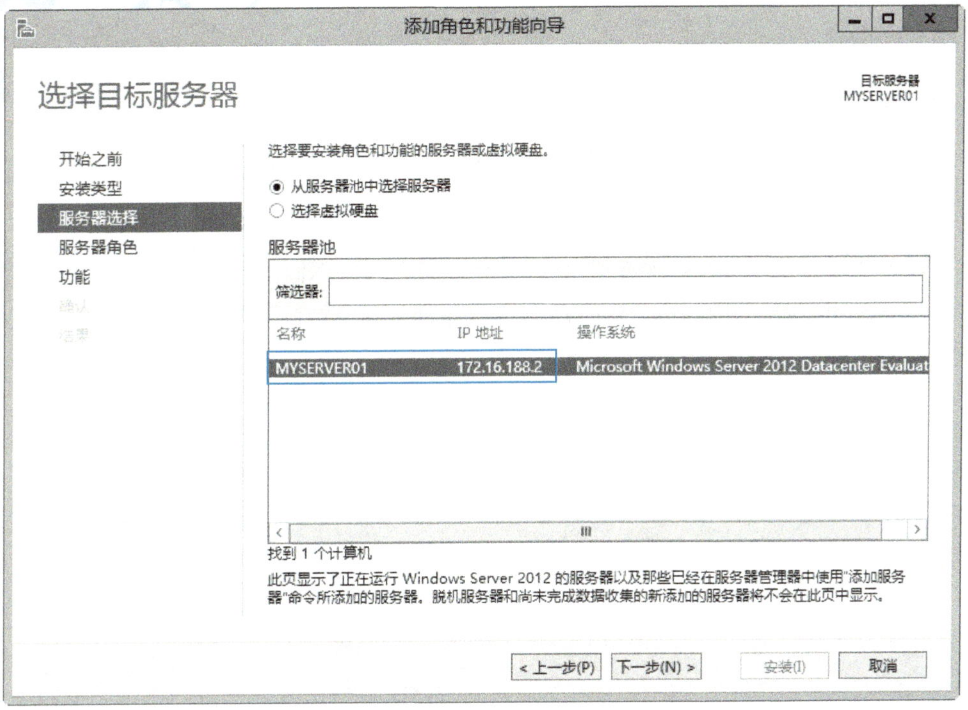

图6-18　选择目标服务器

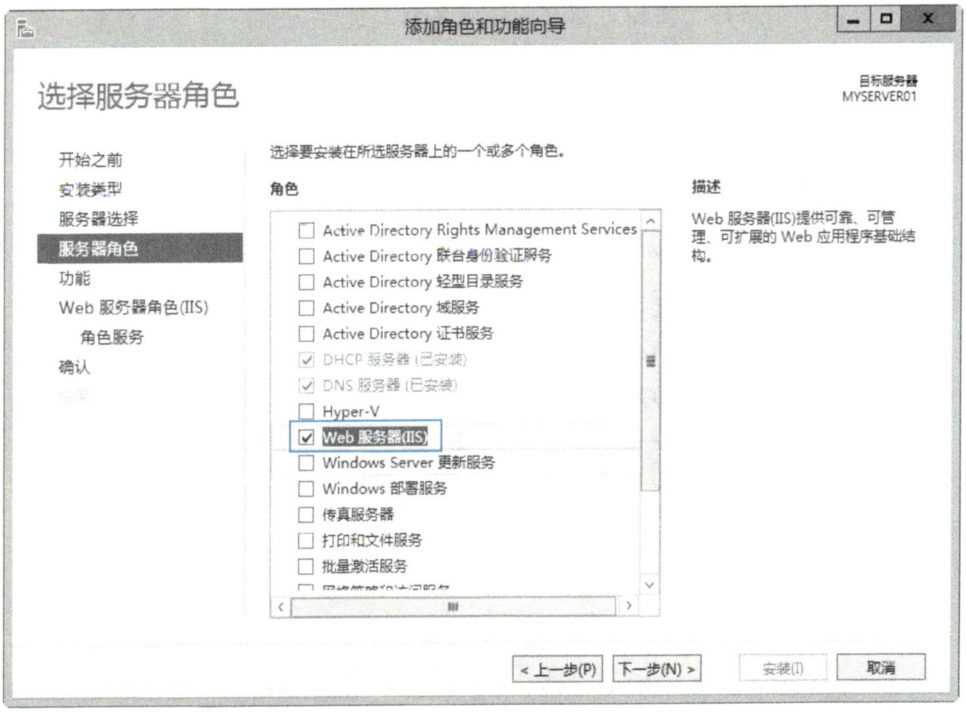

图6-19　选择服务器角色

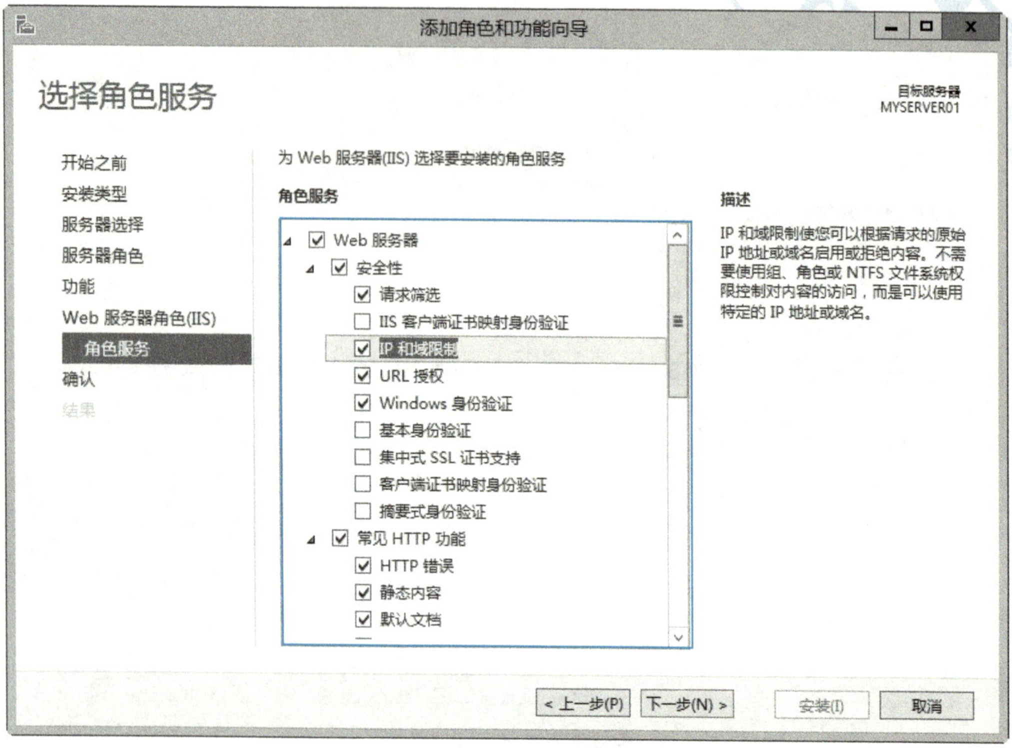

图6-20　添加Web服务器所需的角色服务

4）依次单击“下一步”按钮，直至Web服务器安装完成后，打开浏览器，在地址栏中输入“http://localhost”，按<Enter>键进行测试，显示如图6-21所示的网页，说明安装成功。

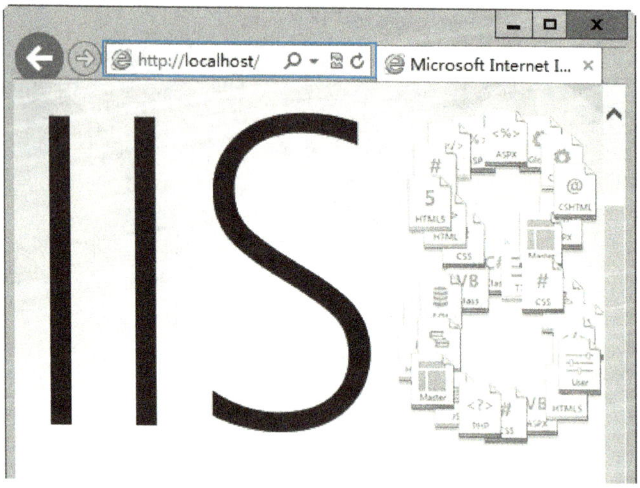

图6-21　测试网页

5）打开“服务器管理器”窗口，单击“工具”→“Internet信息服务（IIS）管理器”，打开Internet信息服务管理器窗口，依次展开“MYSERVER01”→“网站”，用鼠标右键单击“网站”→“添加网站”命令，如图6-22所示。

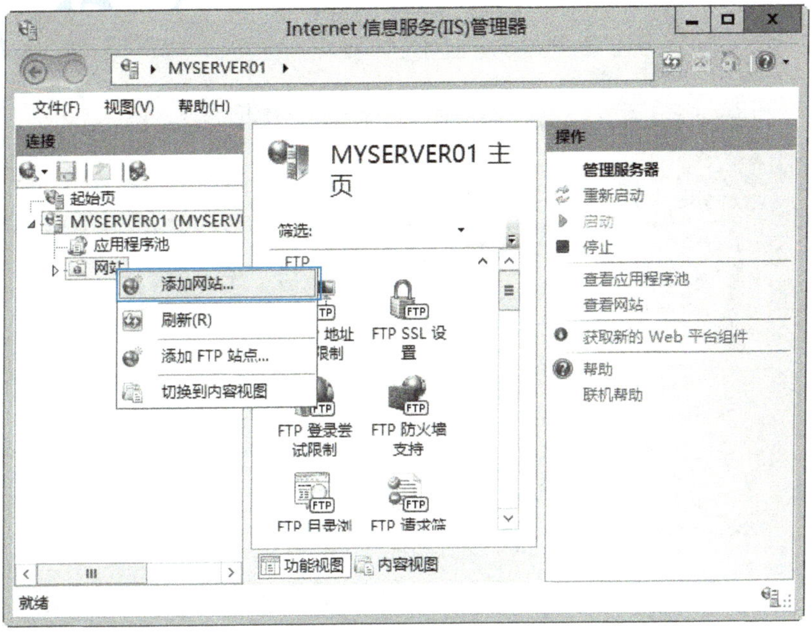

图6-22 添加网站

6）在添加网站对话框中配置站点基本信息，如图6-23所示。将编辑好的网站页面复制到网站目录F:\web1下，访问站点文件，即可进行新闻发布与信息浏览，实现校园内部数字化办公。

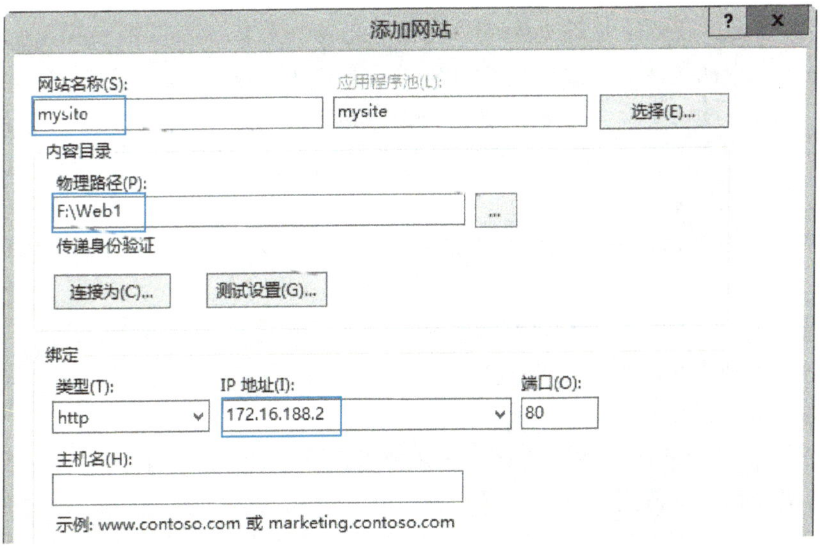

图6-23 配置网站基本信息

7）如图6-24所示，选择左侧窗口已经添加的站点“mysite”，然后双击窗口中间的“默认文档”按钮，单击右侧窗口中的“添加”命令，在弹出的“添加默认文档”对话框中输入测试文件“test.html”，单击“确定”按钮。

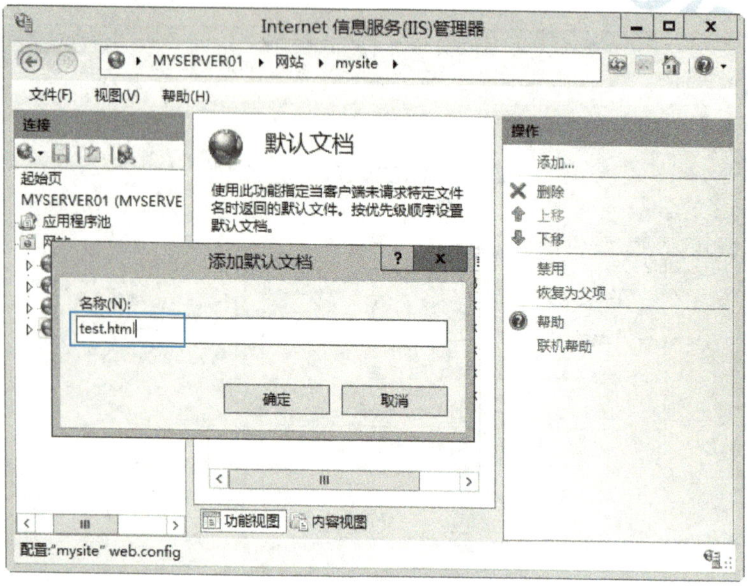

图6-24　添加默认文档

技能提示

默认文档：使用“默认文档”功能页可以配置默认文档的列表。如果用户访问您的网站或应用程序，但没有指定文档名（例如，通过请求http://172.16.188.2/，而不是http://172.16.188.2/Default.html），则可以配置IIS提供一个默认文档。用户一进入站点就可以访问的网页文件被称为首页文件，一般首页文件的名称是Default.html或Index.html。IIS将返回与目录中的文件名匹配的列表中的第一个默认文档。

管理员可以修改首页文件名称参数，修改参数后，使用其他文件名作为首页也是可以的。

具体包括如下选项。

① 添加：打开“添加默认文档”对话框，可以在此对话框中将文件名添加到默认文档列表。

② 删除：删除从功能页上的列表中选择的项目。

③ 上移：在列表中将选定项目向上移动。

④ 下移：在列表中将选定项目向下移动。

⑤ 禁用：禁用“默认文档”功能。如果禁用了默认文档，并且用户访问网站或应用程序而未指定文档名称，则客户端浏览器将收到“403禁止访问”错误。返回此错误的原因是Web服务器无法确定要提供的文件，并且客户端无法查看目录的内容。

启用：启用“默认文档”功能。

8）打开客户端的浏览器，在地址栏内输入“http://172.16.188.2”，访问Web服务器，表示测试成功，网站正常工作，如图6-25所示。

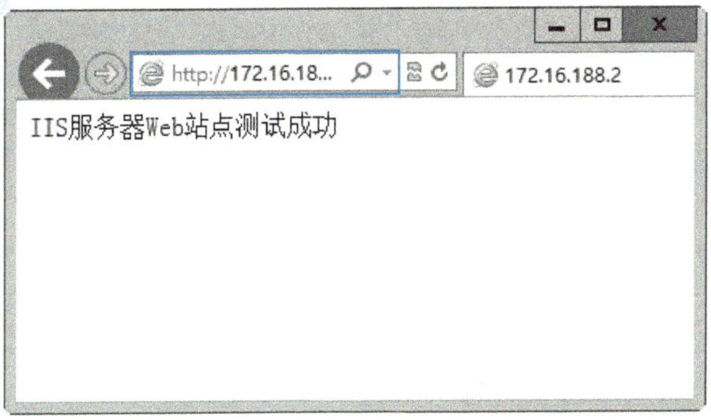

图6-25　客户端访问Web服务器

技能提示

Web应用程序由目录和文件组成。当创建网站时，站点中将包含一个根应用程序。根应用程序包含一个特定的目录路径，该目录下含有Web服务器在请求响应中返回的内容。而其中的目录又分为两种类型：物理目录和虚拟目录。物理目录是位于计算机物理文件系统中的目录，它可以包含文件及其他目录。虚拟目录是IIS中指定并映射到本地或远程服务器上的物理目录的目录名称。可以使用虚拟目录包含应用程序中的内容，而无须向该应用程序的目录中移动或复制文件。

创建虚拟目录

打开Internet信息服务管理器，用鼠标右键单击站点“mysite”，在弹出的快捷菜单中单击“添加虚拟目录”命令，如图6-26所示。在“添加虚拟目录”对话框中，输入“别名”，设置“物理路径”。

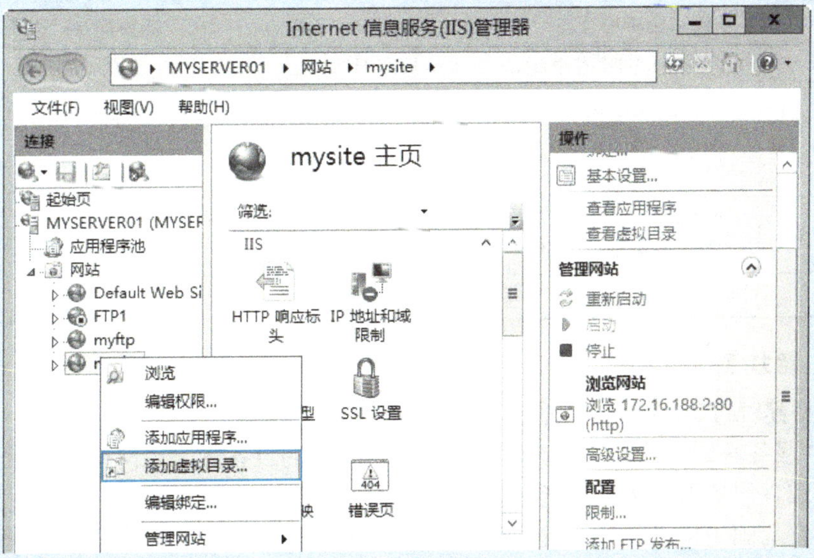

图6-26　添加虚拟目录

任务3　配置邮件服务器

任务背景与分析

1. 客户需求

来到某学校网络中心，网络管理员说明学校想建立各部门员工之间的信息交流，同时希望信息的传递方式能保密。下面是两人的对话片段：

客　户：学校想要建立用户与用户之间的信息与数据传递，而且要求信息的保密性，要实现这个功能，该怎么做呢？

小　温：王主任，这个功能可以通过安装SMTP服务来实现，在服务器中配置一台SMTP服务器，然后进行相应的设置即可。

2. 任务分析

根据该校提出的要求，在学校内部构建电子邮件服务可以满足上述需求。网络工程师可以利用Windows Server 2012提供的电子邮件服务功能，在学校网络内架设邮件服务器，建立内部邮局，实现各部门员工之间邮件的快速传递。按照服务器软件部署的工作流程，确认用户需求与功能分析→填写安装工单→安装邮件服务→配置SMTP服务。

3. 任务工单

根据王主任的要求，应该填写任务工单，主要是邮件服务器名称端口等信息，便于日后维护，见表6-3。

表6-3　迈联公司工程任务工单

客户名称：××学校网络中心　　　　任务单号：P2014060603

现场地点	××学校网络中心机房	日期	2014年10月15日	
客户要求	1）添加SMTP服务器 2）配置SMTP服务器 3）完成创建SMTP域			
现场环境及参数	配置计算机名称为MYSERVER01 IP地址设置为172.16.188.2			
联系方式	联系人：王主任　　联系电话：133××000001	工时	8	

4. 核心能力点

要完成搭建SMTP服务器，现场工程师必须了解以下知识点和能力点。

1）邮件服务器是一种用来负责电子邮件收发管理的设备。它比网络上的免费邮箱更安全和高效。邮件服务器构成了电子邮件系统的核心。每个收信人都有一个位于某个邮件服务器上的邮箱。邮箱用于管理和维护已经发送的邮件消息。一个邮件消息的典型旅程是从发信人的用户代理开始，游经发信人的邮件服务器，中转到收信人的邮件服务器，然后投递到收信人的邮箱中。

2）SMTP服务：SMTP（简单邮件传输协议，Simple Mail Transfer Protocol）是一组用于由源地址到目的地址传送邮件的规则，由它来控制信件的中转方式。SMTP协议属于TCP/IP协议族，它帮助每台计算机在发送或中转信件时找到下一个目的地。通过SMTP所指定的服务器，就可以把E-mail寄到收信人的服务器上了，整个过程只要几分钟。SMTP服务器则是遵循SMTP的发送邮件服务器，用来发送或中转发出的电子邮件。

3）SMTP虚拟服务器：SMTP虚拟服务器本质上是一个SMTP堆栈（既接收电子邮件也充当发送电子邮件的客户端的进程或服务器）。每个SMTP虚拟服务器都代表服务器上的一个SMTP服务实例。因此，一个物理服务器可以驻留多个虚拟服务器。

4）SMTP虚拟服务器由IP地址和端口号的唯一组合定义。IP地址是SMTP虚拟服务器用来侦听传入SMTP连接的地址。默认的IP地址是“所有未分配”，这意味着SMTP虚拟服务器在任意可用的IP地址上执行侦听。端口号是SMTP虚拟服务器用来接收通信的端口。到SMTP虚拟服务器的入站连接的默认端口号是端口25。

5）安装SMTP服务器，选择“服务器管理器”，添加SMTP服务器角色。

6）配置SMTP服务器，可以打开“Internet信息服务（IIS）6.0管理器”，启动SMTP Virtual Server，配置SMTP服务器的相关属性。

任务实施　安装配置邮件服务器

安装邮件服务器的步骤如下：

1）在“服务器管理器”中选择“添加服务器角”命令，打开添加角色和功能向导窗口，展开“Web服务器（IIS）”，单击“下一步”按钮，如图6-27所示。

图6-27　展开Web服务器

2）在选择功能对话框中选中“SMTP服务器”（见图6-28），在弹出的子窗口添加SMTP服务器所需要的功能，如图6-29所示。

3）确认安装所选内容，单击“安装”按钮完成SMTP服务器的安装，如图6-30所示。

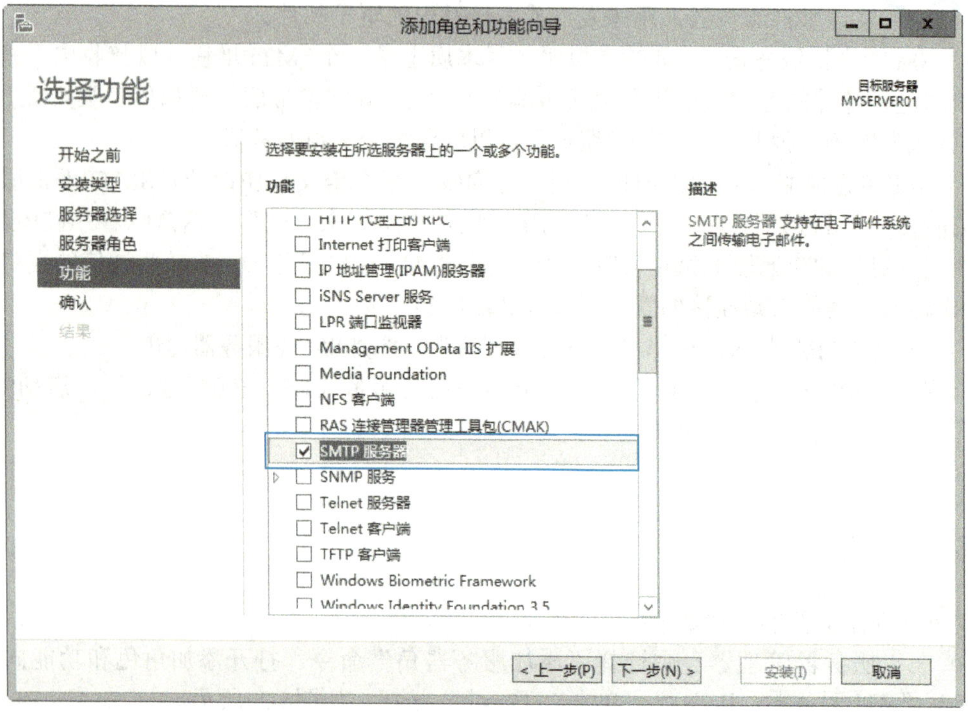

图6-28 选中SMTP服务器

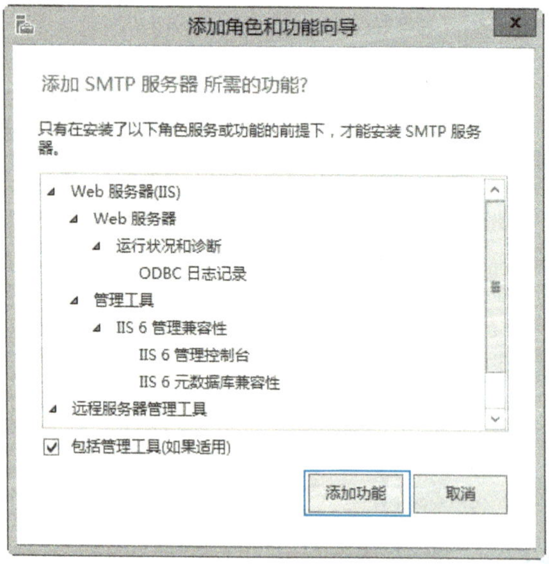

图6-29 添加SMTP所需的功能

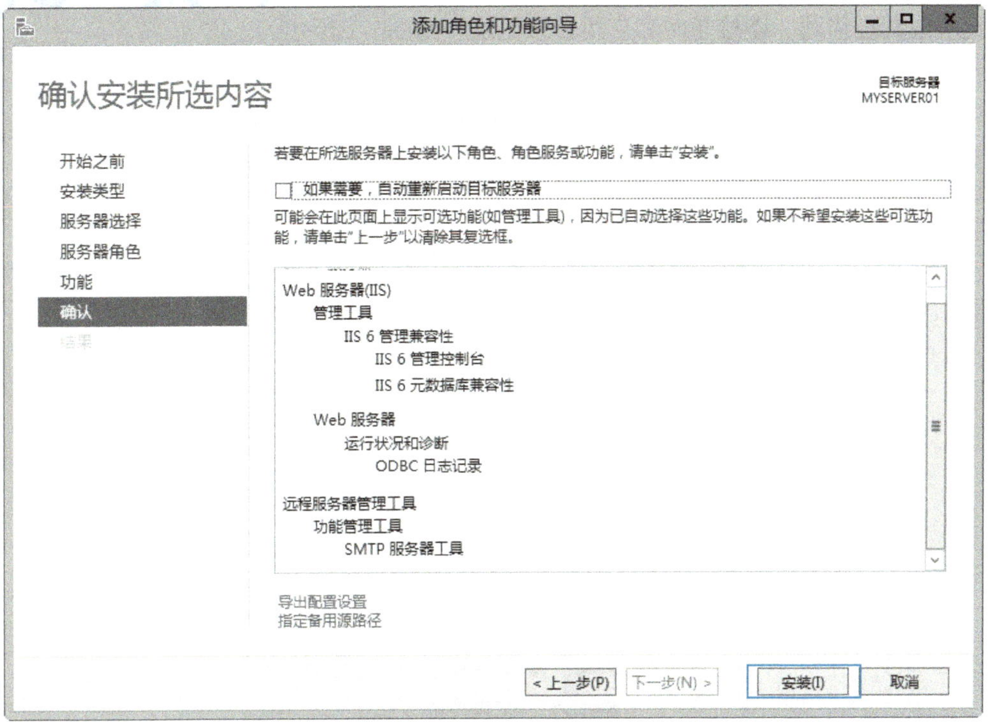

图6-30　确认SMTP安装

SMTP服务器安装完成后还不能提供相应的服务，需要对SMTP服务器进行相应的设置，具体步骤如下：

1）在“服务器管理器”中，单击“工具”→“Internet信息服务（IIS）6.0管理器”，展开“MYSERVER01”，用鼠标右键单击“SMTP Virtual Server”，在弹出的快捷菜单中单击“启动”，如图6-31所示。

2）展开MYSERVER01，用鼠标右键单击“SMTP虚拟服务器”，然后单击“属性”命令，如图6-32所示。

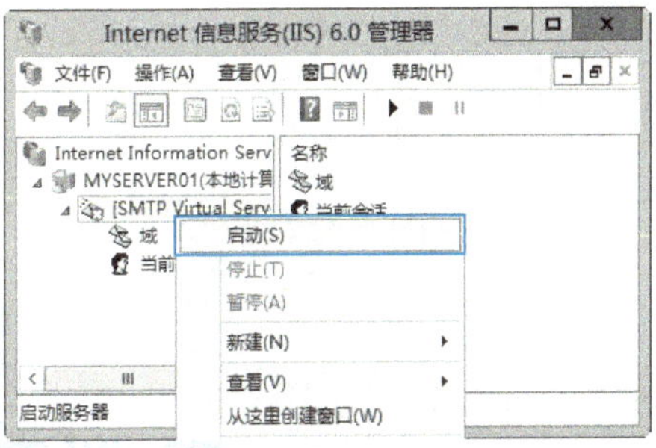

图6-31　启动SMTP

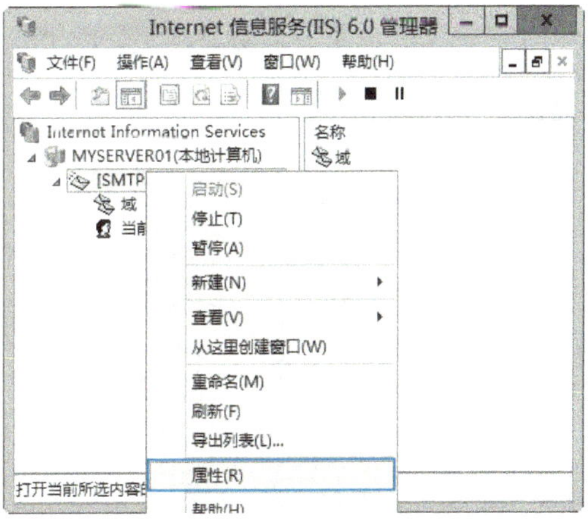

图6-32　SMTP属性

3）在“常规”选项卡中，设置SMTP服务器的IP地址为“172.16.188.2”，还可以设置客户机的限制连接数、连接超时和启用日志记录，如图6-33所示。

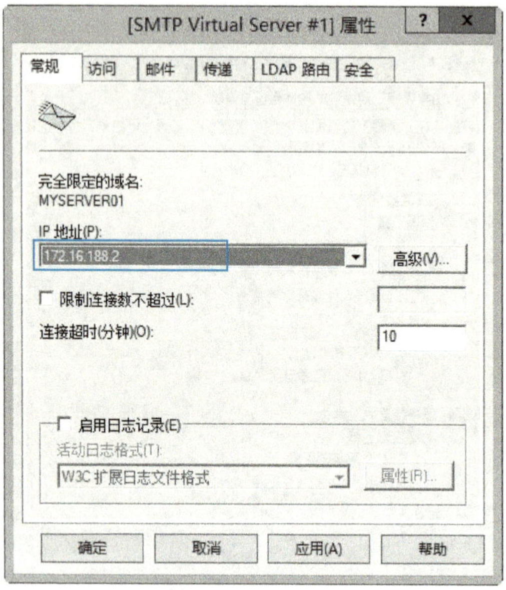

图6-33 “常规”选项卡

4）选择“访问”选项卡，通过“访问控制”设置身份验证，还可以创建发布服务器和客户端之间用于安全通信的服务器证书等，如图6-34所示。

5）选择“邮件”选项卡，进入图6-35所示的对话框中设置邮件大小、会话大小、每个连接的邮件数、每封邮件的收件人数等限制条件，还可以更改“死信目录”。

6）选择“传递”选项卡，在图6-36所示的对话框中设置“出站”选项区中每次的“重试间隔”“延迟通知”与“过期超时”等。

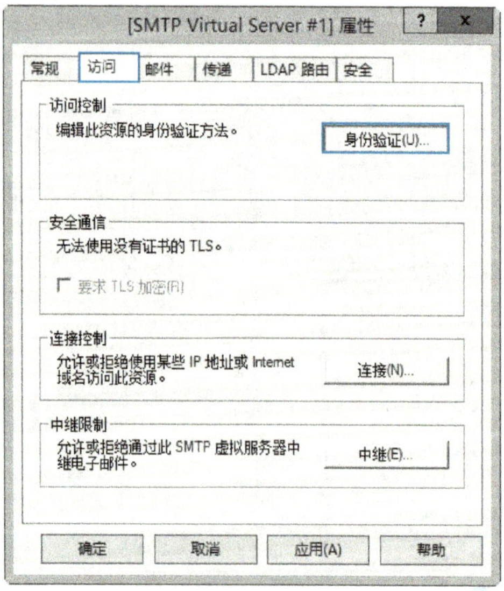

图6-34 “访问”选项卡

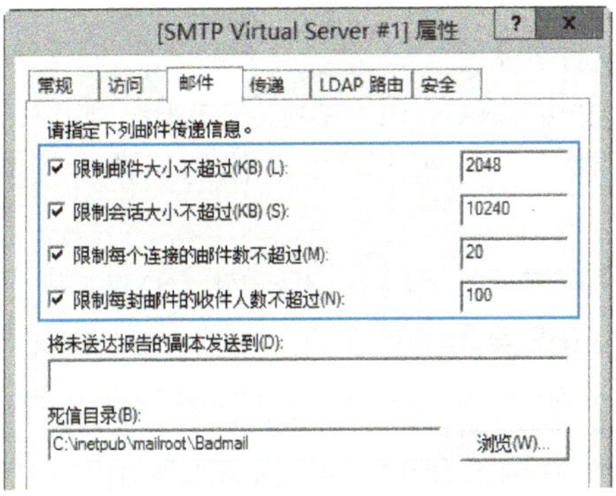

图6-35 “邮件”选项卡

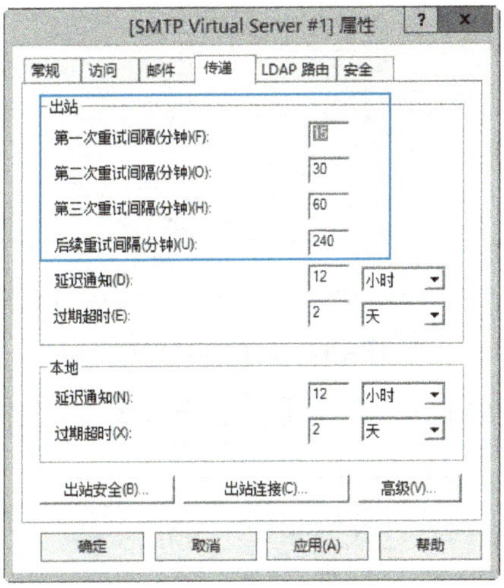

图6-36 “传递”选项卡

技能提示

在“传递”选项卡中，单击“出站安全”按钮，选择以下选项。

基本身份验证：以明文形式发送要连接的服务器的账户名和密码。输入的账户用于传输电子邮件。向个人账户或Exchange账户发送电子邮件时，可以选择“基本身份验证”。因为凭据将以明文形式传递，所以建议启用“TLS加密”。

集成的Windows身份验证：Windows域账户名和密码用于进行身份验证。输入的账户用于传输电子邮件。

TLS加密：与SSL相似，TLS用于保护连接的安全。需要在此服务器上安装一个有效的SSL服务器证书。

Tip技巧:

若要使用个人电子邮件账户（包括Exchange账户）测试核心SMTP功能，则请选择“匿名访问”。选择“基本身份验证”时，SMTP使用AUTH命令。一些电子邮件提供商由于AUTH命令可能会失败。如果AUTH命令失败，则错误可能会记录到SMTP服务器上的Windows事件日志中。

7）LDAP是轻型目录访问协议，在“LDAP路由”选项卡中可以配置SMTP服务，以便向LDAP服务器询问以解析发件人和收件人。

8）在“安全”选项卡中可以赋予用户操作员权限。例如，默认情况下有3个用户具有操作员权限，可以单击“添加”按钮来添加其他的用户，所有选项都设置完成后，单击“确定”按钮完成设置。

SMTP服务器属性设置完成之后，按下述步骤创建SMTP域。

1）在Internet信息服务6.0管理器中，单击“域”→“新建”→“域”命令，如图6-37所示。

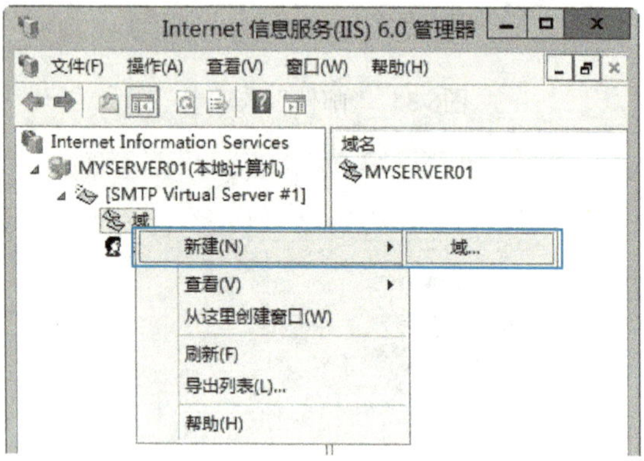

图6-37　新建SMTP域

2）在图6-38所示的新建SMTP域向导中，选择指定域类型为“远程”，然后单击“下一步”按钮。

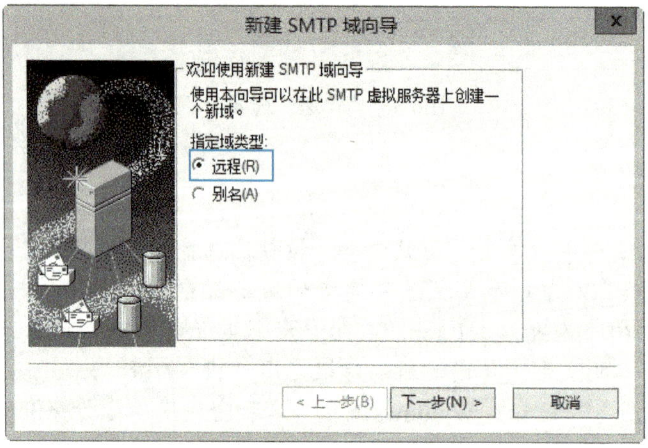

图6-38　新建SMTP域向导

3）在域名对话框中，输入名称“bxjdmail.com”，如图6-39所示。

4）在图6-40中，用鼠标右键单击新建的域“bxjdmail.com”，在弹出的快捷菜单中单击“属性”命令，可以对域的属性进行相应设置。

5）在“常规”选项卡中选中“允许将传入邮件中继到此域”复选框，并选中“使用DNS路由到此域”单选按钮，如图6-41所示。在“高级”选项卡中选中“排列邮件以便进行远程触发传递”复选框，单击“确定”按钮完成设置，如图6-42所示。

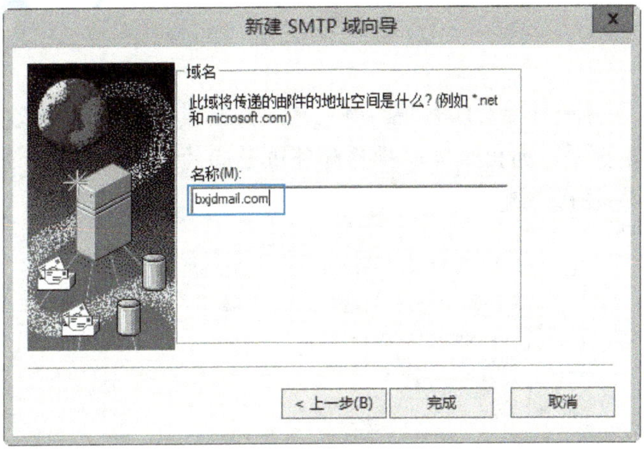

图6-39　设置域名称

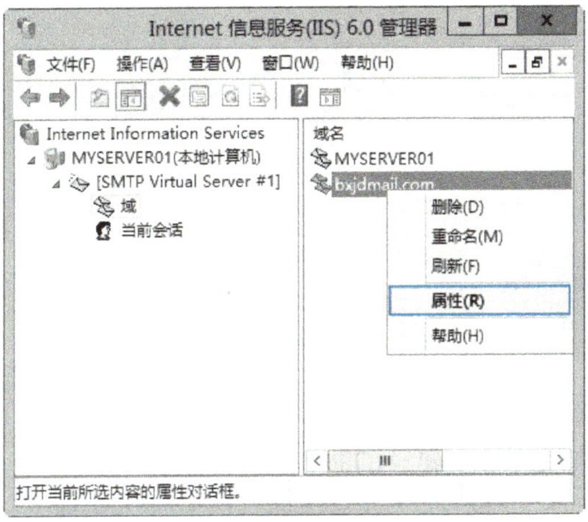

图6-40　选择域属性

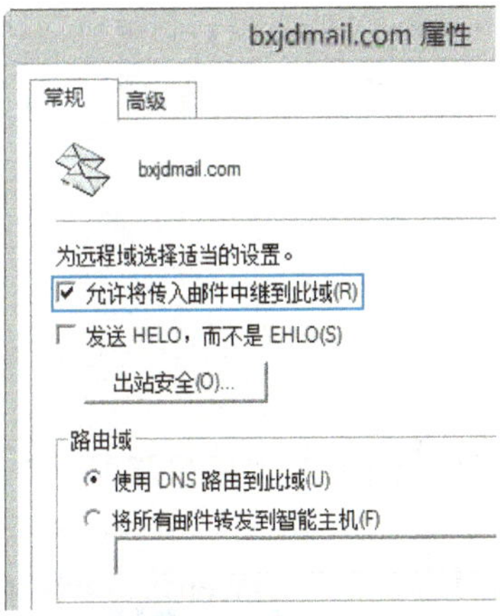

图6-41　域属性“常规”设置

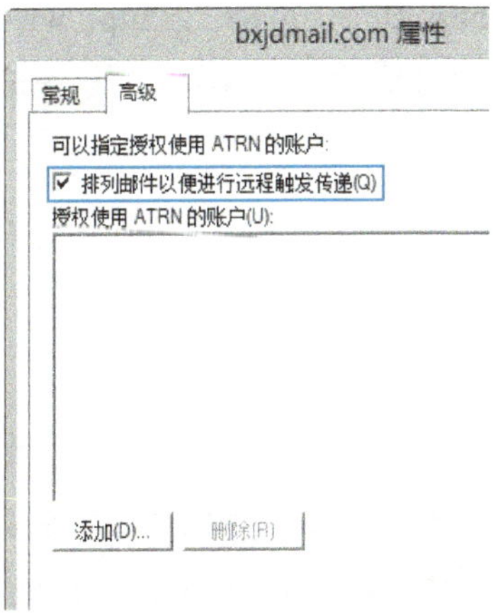

图6-42　域属性“高级”设置

完成上述设置后，需重新启动当前的SMTP服务器，才能正常运行。

技能提示

为了让邮件服务器能够安全顺畅地工作，还可以对其进行权限的设置。图6-43所示的SMTP的“安全”属性中，列出了可以操作邮件服务器的用户账户。如果想添加更多的用户只需单击“添加”按钮，选择想要添加的用户即可。

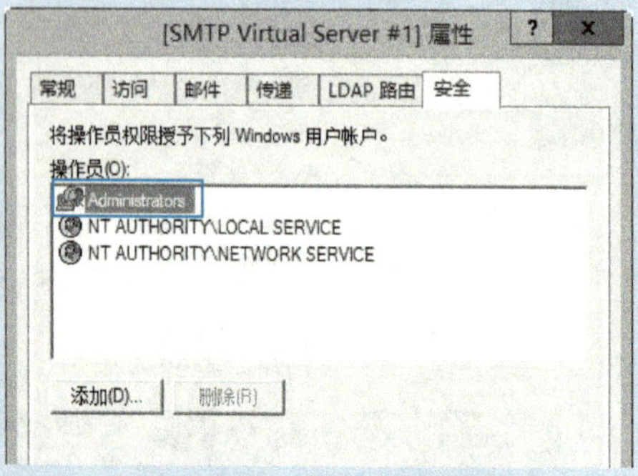

图6-43　选择域属性

能力拓展

海星公司根据公司业务需要，要求迈联公司的工程师在服务器上搭建FTP与Web服务。

1）在服务器MYSERVER01上架设FTP服务器，设置一个空间大小为1GB的FTP共享空间，允许所有用户匿名登录下载数据，只有管理员可以上传数据。

2）在服务器MYSERVER02上架设Web服务器并配置域名为“www.haixing.cn”，客户机可以使用http://172.16.188.2或http://www.haixing.cn，对该Web服务器的站点进行访问。

根据本学习单元学习内容，写出完成上述操作的操作步骤。

单元知识总结

在本学习单元中，介绍了Internet信息服务的基本知识，并对Windows Server 2012系统中的FTP服务、Web服务以及邮件服务的安装环境进行配置，在此基础上，安装相应服务，根据客户需求对FTP服务进行了相关的配置与管理，对创建Web站点与管理站点、配置邮件服务等操作都进行了详细的介绍，介绍用户对FTP、Web及SMTP服务器的访问方法和常用命令。学习单元自我评价表，见表6-4。